JN213379

海底の覇権争奪

知られざる
海底ケーブルの地政学

Geopolitics of
Submarine Cable Networks

土屋大洋
Motohiro Tsuchiya

日本経済新聞出版

海底の
覇権争奪

知られざる
海底ケーブルの地政学

土屋大洋
Tsuchiya Motohiro

日本経済新聞出版

まえがき

ワイキキ・ビーチの海底ケーブル

ワイキキ・ビーチは楽園ハワイの象徴である。世界中からリゾート気分を求めてたくさんの人が訪れる。その少し東側に「カイマナ（Kaimana）ビーチ」あるいは「サン・スーシ（San Souci）ビーチ」と呼ばれるビーチがある。ここに第一次世界大戦の戦勝を記念した海水プールがあった。１９２７年に完成したプールは、長辺が１００メートルもあるという巨大なものだったが、今では閉鎖されている。

このプールの完成からさらにさかのぼること四半世紀、現在から１２０年以上前、米国西海岸サンフランシスコから一隻の船が12日間かけてこのビーチにやってきた。１９０２年12月28日、蒸気船シルバータウン号は、ビーチの沖合に錨を投じた。そして、サンフランシスコから引っ張ってきた海底ケーブルの先をカヌーに託した。カヌーを指揮したのは、デビッド・ピイコイ・カハナモク（David Pi'ikoi Kahanamoku）である。オリンピックで水泳の金メダルをとり、サーフィンを普及させたデューク・カハナモク（Duke Kahanamoku）のおじに当たる人物である。サーフィンボードを抱えたデュークの銅像がワイキキ・ビーチに建っているので前を通った人も多いだろう。[1] カイマナ・ビーチの沖合の水中には岩場が広がっているが、カプア・チャンネル（Kapua Channel）と呼ばれる水底の細い切れ目があり、海底ケーブルはそのチャンネルに降ろされた。[2]

シルバータウン号がもたらしたのは、ハワイ王国にとってアメリカ合衆国、つまりアメリカ大陸とつながる最初の海底ケーブルであった。この海底ケーブルは、船に頼らざるを得なかったハワイの外界とのコミュニケーションを大きく変えることになる。翌1903年1月1日、つながったケーブルで最初のメッセージが、首都ワシントンDCのセオドア・ルーズベルト（Theodore Roosevelt Jr.）大統領に送られた。

この海底ケーブルは何度も修復されながら使われ、1951年に使用を停止した。現代のカイマナ・ビーチは、それに沿って建つホテルの宿泊客や、ワイキキ（Waikiki）・ビーチを避けた地元の海水浴客で賑わっている。ビーチのライフガードの監視所から沖合の吹き流しを目指して200メートルほど泳ぐとカプア・チャンネルをたどることになり、今でも水底にケーブルを確認することができる。筆者がこのケーブルを初めて見た2014年12月7日（ハワイ時間）は、真珠湾攻撃から73年が経った日だった。ビーチの賑わいを遠くに見ながら水に浮かび、歴史の流れに身を任せる思いだった。

陸の孤島だったパラオ

それからさかのぼること4年前の2010年8月、太平洋の島国パラオを訪問した。目的は、太平洋島嶼国・地域の代表たちと無線ブロードバンドの可能性について検討するワークショップに参加することだった。グアムで乗り換えて夜のパラオに着き、かつての首都であり一番大きな街であるコロール（Koror）のホテルにチェックインした。パラオでも一、二を争うホテルであり、ワークショップもこのホテルで開かれることになっていた。

フロントでインターネットにアクセスできるかと聞くと、大丈夫だが、客室ではなく、フロントの前のロビーでしかできないと言われ、Ｗｉ－Ｆｉのパスコードの書かれた小さな紙をもらった。一休みしてから早速パソコンを持ってロビーに陣取り、Ｗｉ－Ｆｉにア

1　デューク・カハナモクについては以下を参照。池澤夏樹『ハワイイ紀行【完全版】』新潮文庫、2000年、339～342頁。

2　Andrea Feeser, *Waikiki: A History of Forgetting and Remembering*, Honolulu: University of Hawai'i Press, 2006, p. 119.

クセスしたが、うまくいかない。周りを見渡すと、日本から来た若者たちがパソコンやｉＰａｄを手にしながら、やはり接続に苦戦しているようだった。

確かにインターネットにはつながっているのだが、実にスピードが遅い。当時の日本のブロードバンドは世界でもトップクラスのスピードであり、それに慣れていると、パラオのこのホテルのインターネットのスピードはもはや耐えがたかった。少しメールがダウンロードされたと思ったら途中で動かなくなった。どうも大学の同僚が大きな添付ファイルを送ってきているようなのだ。電子メールソフトの設定を変え、大きなファイルのダウンロードはしないようにして、他のメールをようやく取り込めた。

翌日、ワークショップの席にパラオの通信事業者の役員が来ていたので、パラオの国際回線はどれくらいの容量があるのか聞いてみた。「まあ、あまり大きくはないよね」という答えだったが、「数字を教えてほしい。どれくらいあるのか」と重ねて聞くと、「毎秒30メガビット未満だね」との答えだった。

後日、パラオの通信事情に詳しい専門家にその話をしたところ、「いやあ、彼はそれでも多めに言っているよ。そんなにはないはずだ」とのことだった。

当時のパラオの人口は2万人を少し超えるぐらい。インターネット人口は５９８０人（２０１１年時点）だと見積もられていた（人口比で28・5％）。それに滞在中の観光客数十人から数百人が夜にはインターネットにアクセスしようとする。仮に毎秒30メガビットあったとしても、とても足りない。国際回線と単純に比較するのは乱暴だが、日本の都市部では各家庭で毎秒100メガビットのブロードバンド回線を使っていることも珍しくなかった。パラオの国際インターネット回線は細すぎた。

なぜそうなっているのかは、ワークショップの席でだんだん分かってきた。要は海底ケーブルがパラオにはつながっていなかったのだ。

調べてみると、かつてパラオも電信の海底ケーブルがつながっていたことがあった。しかし、日本の委任統治領として太平洋戦争に巻き込まれたとき、ケーブルは失われてしまった。それ以後、海底ケーブルは復旧されず、光ファイバーでインターネットのデータ通信を運ぶ時代に、パラオは人工衛星に頼らざるを得なかった。

かつては、人工衛星も画期的な国際通信の手段だった。細い電話用の海底ケーブルに頼っていた時代には、国際電話は滅多にかけられるものではなかったが、人工衛星は回線数を大幅に増やすことに成功した。しかし、それでも、一般家庭が気軽に国際電話をかけることはできず、人工衛星を介した通話には遅延が生じ、スムーズな会話をするのには多少のコツをつかむ必要があった。

ところが、1980年代に光ファイバーによる海底ケーブルが敷設されるようになると、国際通信の主役は海底ケーブルへと戻った。現在の国際電話にはそれほど遅延が生じないし、大洋をまたいでZoomのようなリアルタイム・ビデオ通話を使ってもそれほど支障はない。光海底ケーブルはグローバリゼーションに不可欠の技術である。むしろ、光海底ケーブルがグローバリゼーションを加速させているといってよい。

ハワイは1902年に海底ケーブルにつながり、それを順次アップグレードして、今では問題なくインターネットに接続できるようになっている。アメリカ合衆国の一部とはいえ、ハワイは絶海の孤島といっても過言ではない。同じく太平洋の西側に位置するパラオは、それから100年経っても海底ケーブルにつながっていなかった。ほんの数年、海底ケーブルがつながったことはあるとしても、21世紀の最初の16年が経過してもつながっていなかったパラオにも、ついに2017年に光ファイバーの海底ケーブルがつながった。

海底ケーブルがつながらないことの意味

そもそも、海底ケーブルにつながることができないということは、何を意味するのか。パラオが好んで海底ケーブルを拒否していたわけではない。一言では説明できない複雑な政治・経済的な要因が絡まって、パラオに海底ケーブルはなかなか来なかった。

インターネットがビジネスや教育にとって重要なツールであることは、もはや否定しがたい。コンピュータのスキルが様々な職種で求められるようになっており、それにはインターネット利用も含まれている。それを十分に活用できないとすれば、パラオの競争力に影響が出ないはずはない。

そして、パラオが世界の最後のインターネットの秘境というわけでもない。日本のデジタル・デバイド問題を実践的にリードしてきた佐賀健二・元亜細亜大学教授は、かつてデジタル・デバイドで後れを取っていたのはサハラ以南のアフリカと太平洋島嶼国・地域だと指摘していた。そのアフリカも、その後、東岸と西岸に光海底ケーブルが敷設され、ヨーロッパから南アフリカのケープタウンを回ってネットワークがつながっている。その結果、佐賀教授が最も懸念していた太平洋島嶼国・地域が最後まで残された。

すべての太平洋島嶼国・地域が苦しんでいるわけではない。米国に併合された最後の州であるハワイは、太平洋の隔絶した地域にあるが、その戦略的重要性ゆえに、１８９８年の米国への併合直後の１９０２年（州への昇格は59年）には海底ケーブルがつながり、現在では何不自由ないアクセスが得られていることは既に述べた。同じく米領のグアムもまた、軍事基地をサポートするために大容量の光海底ケーブルが敷設され、日本やフィリピンなどアジア諸国ともつながっている。太平洋の独立国のなかにも光海底ケーブルを得ている国は少なからずある。

他方、光海底ケーブルの恩恵を享受できていない国や島が、パラオ以外に存在する。太平洋の島々はもともと国土が小さく、地球温暖化の影響でますます小さくなる危険にさらされている。そのなかに強力な産業を持っている島は少ない。かつてのハワイではドールやデルモンテによるサトウキビやパイナップルなどのプランテーションが盛んだったが、そのような大規模資本が入ってこない島も太平洋には多く散らばっている。

土地が小さく、人口も少なければ、国際通信事業者にとって市場価値は小さく、わざわざ海底ケーブルをつなぐインセンティブはない。有望な産業はきれいな海洋資源にもとづく観光だが、インターネットが十分に使えない島は多くの観光客にアピールできない。あえて都会から隔絶したビーチを求める向きもあるだろうが、きれいな海の写真をソーシャルメディアで家族や友人と共有しようと思っても、光海底ケーブルがなければスムーズにはいかない。

現代の島にとっては、海底ケーブルは発展のために不可欠の基盤になりつつある。それは、島国日本にとっても同じである。我々は、インターネットや国際電話がつながるのが当たり前の世界に生きている。海外旅行に行っても日本の携帯電話をそのまま持ち出し、国際ローミングで通話やデータ通信を楽しむことができる。海外にいることを知らせていない友達から電話がかかってきても、（少し高い料金や時差の問題はあるが）簡単に話すことができる。しかし、その通話のほとんどは海底ケーブルを経由している。

他人事ではないリスク

日本の海底ケーブルは、関東だと千葉県や茨城県、関西だと三重県あたりに集中して陸揚げされ、米国やアジア諸国、ロシアとつながっている。今では、北海道からカナダ沿岸の北極海を通って英国のロンドンまでつなげようという話も出ている。こうした光海底ケーブルがもし失われることになれば、グローバル市場のなかでの東京市場の地位は失われ、日本経済に多大な影響が出るだろう。軍事の世界ではいまだに人工衛星を使う割合が高いものの、かなりの部分が商用の海底ケーブルを利用した専用線に移行している。外交公電のことを英語では「ケーブル」と呼ぶが、外交公電の多くもまた陸上および海底のケーブルを使っていたからだ。無論、郵便と差別化するために使われた言葉だろう。

2011年の東日本大震災の際、つながらなくなった携帯電話の代わりに、我々はソーシャルメディアを使って連絡を取り合ったり、情報共有したりすることができた。しかし、私たちの多くが気づかないところで、海底ケーブルは地震によって切断されていた。海底の断層が大きくずれることで、海底に横たわっているケーブルがちぎれてしまったからだ。

それに気づいた海底ケーブルの事業者たちは、地震の翌日、都内で集まり、協力して難局に立ち向かうことを確認した。平時のビジネスでは、経済的利益を巡って競争する事業者たちが、このときばかりは協力し、互いの通信トラフィックを融通し合い、できるだけスムーズにインターネットが使えるようにした。放射線の危険が残っていた茨城県沖でも海底ケーブルは切れており、すべてのケーブルを修復するのには3カ月ほどを要したとされている。そうした陰の努力が我々の生活を支えている。


本書は、19世紀から現在に至るまでの海底ケーブルの歴史を見ながら、現代におけるその意義を明らかにしようとするものである。海底ケーブルの歴史を記した書籍は、実はかなりある。しかし、1980年代以降の光海底ケーブルの時代になると、政府の関与する余地がぐっと減ったため、表に出てくる情報もかなり減り、その実態は分かりにくくなっている。無論、本書がそうした隠れた民間の情報を明らかにできるわけではないが、それをとりまく様々な情報の断片を掛け合わせることで見えてくる現状を元にしながら、海底ケーブルが我々の生活を支えている様子を見ていきたい。

海底ケーブルは、いわゆる重要インフラストラクチャの一部である。ほとんどの重要インフラストラクチャは、電気や水道、公共交通機関のようにあって当たり前で、その意義は普段は忘れられている。しかし、それが失われる可能性は、ゼロではない。その仕組みを理解し、非常時のための対策を考えておくことは、国家安全保障においても、個人の生活防衛のためにも重要だろう。

目次

大日本帝国と海底ケーブル

太平洋横断海底ケーブルのドラマ

IV

接続の力学

太平洋島嶼国におけるデジタル・デバイド

V

攻防 海底ケーブルの地政学 175

VI

サイバーグレートゲーム 海底ケーブルの地経学 213

終章 高まり続ける重要度 241

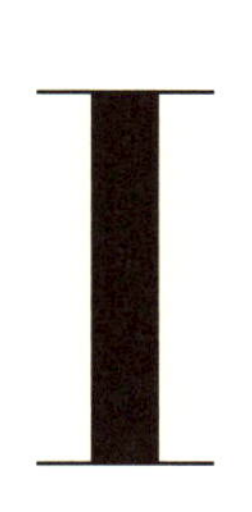

電信の大英帝国からインターネットの米国へ

1　グローバリゼーションと通信

グローバリゼーションを加速させる要因の一つは、様々なネットワークの発達である。海運や空運の発達は国境を越えるモノやヒトの動きを増大させる。それと同時に、電気通信ネットワークの発達は、瞬時に地球の裏側までメッセージを送り届け、居ながらにして情報をやりとりすることを可能にしている。

電気通信ネットワークの発達を見ると、19世紀半ば以降の電信と大英帝国、20世紀半ば以降のインターネットと米国という、それぞれの時代の国際政治の覇権国が深く関与していることが知られている。1892年の時点で英国は、世界の電信の66・3%を押さえていた。また、現代のインターネットにおける米国のプレゼンスは、通信量、技術・サービス開発において大きい。

そうした電気通信ネットワークのインフラストラクチャという点で欠かすことができないのが、海底ケーブルである。電気通信ネットワークをグローバルにするためには、大西洋や太平洋といった大洋を越えなくてはならない。1850年には既にドーバー海峡の海底にケーブルが敷設され、現代では世界中の海に無数といってよいぐらいの海底ケーブルが引かれている。

しかし、海底ケーブルという点から見たとき、大英帝国から米国への技術覇権の移行がなぜ起こったのか、必ずしも明らかではない。大英帝国の海底ケーブルはなぜ廃れ、米国が新しい海底ケーブルをどう敷設し、どうコントロールしているのだろうか。そこには何か変化があるのだろうか。本章では、電信の大英帝国からインターネットの米国へと移る際、何が起こったのかを見ていこう。

情報の地政学

地政学は19世紀後半に生まれ、20世紀前半には表面上消滅してしまったとされているが、[1]近年また見直されるようになっている。表面上消えてしまったのは、ナチス・ドイツや大日本帝国のお先棒を担いでしまったからだが、アルフレッド・T・マハン（Alfred T. Mahan）をはじめ、地政学的な思考はいまだに欧米の戦略家たちの間で受け継がれている。[2]

1　河野収『地政学入門』原書房、1981年、3頁。

本書で地政学というときは、地理的な影響を強く考慮した国際政治的思考ないし戦略的思考というゆるやかな定義を採用しておきたい。

情報の地政学という視点では、従来はニュース（最近の言葉では、マスメディアが流すニュース以外の情報も含めて「コンテンツ」）の影響力という点で論じられることが多かった。[3]例えば、中国返還前の香港の衛星放送であるスターチャンネルが中国本土でも視聴可能になったことが問題とされた。しかし、近年では、物理的なインフラストラクチャも含めて論じられることが多くなっている。[4]人工衛星が国境を越えて広くカバーできるのに対し、海底ケーブルはいったん敷設されると動かすことができず、陸揚げ地点が限定されることから、よりいっそう地政学的な影響を受けやすいといえるだろう。

電信および海底ケーブルの実用化と、そのグローバルな展開にいち早く成功したのは英国であった。英国の電信による海底ケーブルについては既に多くの研究がなされている。例えば、ダニエル・ヘッドリク（Daniel Headrick）が、「ケーブルは、新帝国主義の不可欠の一部であった」と指摘している。[5]

電信が発明された19世紀半ばから20世紀半ばまでの100年間に、電信のネットワークは地政学的に重要な意味を持つようになった。それ以前の通信は、人馬に頼るか、狼煙や手旗信号、腕木通信などが使われていたが、いずれもスピードや情報量、正確さという点で不十分であった。しかし、電信は、現代の通信技術に比べればはるかに遅く、情報量も少ないものの、当時の技術としては革新的であった。

遠く離れた場所で戦う軍隊と本国がつながるようになったり、外交使節団が本国とつながるようになったりしたことで、戦争や外交の態様が大きく変化することになった。

2　近年、邦語でもマハンやハルフォード・マッキンダー（Halford John Mackinder）の著作が復刊している。アルフレッド・T・マハン（井伊順彦訳、戸高一成監訳）『マハン海軍戦略』中央公論新社、2005年。ハルフォード・ジョン・マッキンダー（曽村保信訳）『マッキンダーの地政学――デモクラシーの理想と現実』原書房、2008年。また、近年の地政学に関する邦語文献としては、例えば、以下を参照。浦野起央『地政学と国際戦略――新しい安全保障の枠組みに向けて』三和書籍、2006年。奥山真司『地政学――アメリカの世界戦略地図』五月書房、2004年。

3　アンソニー・スミス（小糸忠吾訳）『情報の地政学』TBSブリタニカ、1982年。

4　KDDI総研「コミュニケーションの地政学・海底ケーブル編」国際コミュニケーション基金委託研究調査報告書、2004年。

5　D・R・ヘッドリク（原田勝正、多田博一、老川慶喜訳）『帝国の手先――ヨーロッパ膨張と技術』日本経済評論社、1989年、196頁。同じ著者によるものとして以下も参照。Daniel R. Headrick, *Invisible Weapon: Telecommunications and International Politics 1851-1945* (New York: Oxford University Press, 1991). D・R・ヘッドリク（原田勝正、多田博一、老川慶喜、濱文章訳）『進歩の触手――帝国主義時代の技術移転』日本経済評論社、2005年、93〜139頁。

通信の秘匿と傍受

それに伴い、物理的な通信経路の確保と、その内容の秘匿は、戦略的な意味を持った。その有名な例がツィンメルマン電報である。1914年に第一次世界大戦が始まるやいなや、英国はドイツの海底ケーブルを切断した。当時の電信ネットワークの大半は英国が押さえており、ドイツは国外との通信に英国のネットワークを使わざるを得なくなった。当然、通信内容をドイツは暗号化したが、英国は傍受した暗号文の解読に力を入れた。ドイツのアルトゥール・ツィンメルマン（Arthur Zimmermann）外相は、戦局を打開するためにメキシコをそそのかして米国と戦わせようとするが、彼の暗号電報を解読した英国は米国に通知し、米国が第一次世界大戦に参戦するきっかけとなった。英米が結束して大戦に勝利する遠因となったといえるだろう。

現代においても海底ケーブルの通信傍受は行われている。2001年の米同時多発テロ以降、対テロ戦争の一環として米国のジョージ・W・ブッシュ（George W. Bush）政権は大規模な国際通信の傍受を行った。この傍受プログラムは米国自身の外国情報監視法（FISA）に反する疑いが強く、多くの訴訟が起こされたが、法改正を経て、対テロ戦争の有力な対策としてバラク・オバマ（Barack Obama）政権、ドナルド・トランプ（Donald Trump）政権、ジョー・バイデン（Joe Biden）政権でも続けられた。[6]

こうした事例を考えれば、誰がどのように海底ケーブルを敷設し、管理するかという問題は、情報社会化をますます進める現代においては戦略的な意味を持っているといえるだろう。

2　海底ケーブルの国際法的保護と敷設法

海底ケーブルが戦略的に使われるインフラストラクチャであるとして、それは国際法においてどのように保護されているのだろうか。第一次世界大戦時のように簡単に切断されるものであっては、それに依存するわけにはいかなくなる。

6　ジェームズ・ライゼン（伏見威蕃訳）『戦争大統領——CIAとブッシュ政権の秘密』毎日新聞社、2006年、48〜72頁。大津留（北川）智恵子「大統領像と戦争権限」『アメリカ研究』第43号、2009年、59〜75頁。土屋大洋「デジタル通信傍受とプライバシー——米国におけるFISA（外国インテリジェンス監視法）を事例に」『情報通信学会誌』第91号、2009年、67〜77頁。

各国は公海の海底、すなわち深海底において海底ケーブルを敷設する自由を認められている（国連海洋法条約112条1項）。そして、いずれの国も、自国を旗国とする船舶または自国の管轄に服する者が、通信を妨害することとなるような方法で電線を破壊することを処罰すべき犯罪とする趣旨の法令を制定しなくてはならない（国連海洋法条約113条）[7]。

さらに、すべての国が大陸棚にも、海底ケーブルと海底パイプラインを敷設する権利を持つ（国連海洋法条約79条）。ただし、海底ケーブルを敷設するための経路の設定には沿岸国の同意が必要である（第79条3項）。

領海の外にあって、基線から200カイリまでの幅の海域を排他的経済水域（EEZ）と呼ぶが、ここでは沿岸国が天然資源に関する主権的権利やこれに関連する管轄権を持つ一方、他国は航行、上空飛行、海底ケーブルと海底パイプラインの敷設などについて自由を有する。[8]

日本のように周囲を海洋に囲まれている国にとっては、その保護は地政学的に重要である。日本に最初に海底ケーブルが引かれたのは1871（明治4）年のことであり、中国の上海と長崎の間にデンマークの大北電信株式会社（Great Northern Telegraph Company）によって敷設された。様々な外交上の不平等条約と同じく、この海底ケーブルについても日本にとって不利な契約が交わされ、大北電信は日本の国際通信を独占し、1913年に独占権は撤廃されたものの、大北電信が関わらない日中間通信でも日本の収入の64・6%を大北電信に支払うという不均等分収が第二次世界大戦後まで続いた。[9]

7　島田征夫、林司宣『海洋法テキストブック』有信堂高文社、2005年、108頁。

8　同、53頁。

9　高崎晴夫「通信バブルの一考察（第1回）——国際海底ケーブルビジネスで何が起こったのか」『OPTRONICS』第3号、2003年、174〜179頁。大野哲弥「空白の35年、日米海底ケーブル敷設交渉小史」『情報化社会・メディア研究』第4号、2007年、25〜32頁。大北電信については以下を参照。Kurt Jacobsen, *The Story of GN: 150 Years in Technology, Big Business and Global Politics*, Copenhagen: Gad Publishers, 2019 大北電信株式会社編（国際電信電話株式会社監訳）『大北電信株式会社——1869〜1969年会社略史』国際電信電話、1972年。長島要一『大北電信の若き通信士——フレデリック・コルヴィの長崎滞在記』長崎新聞新書、2013年。また、日本の海底ケーブルをめぐる正史ともいえるのが、以下である。日本電信電話公社海底線施設事務所編『海底線百年の歩み』電気通信協会、1971年。その他にも以下を参照。Jorma Ahvenainen, *The Far Eastern Telegraphs: The History of Telegraphic Communications between the Far East, Europe and America before the First World War*, Helsinki: Suomalainen Tiedeakatemia, 1981.

3 海底ケーブルと覇権国

19世紀の大英帝国の海底ケーブルや電信ネットワークについての研究は数多くある。[10] しかし、現代の海底ケーブルについての研究は、工学系のものを除いて、少なくなる。[11] その背景としては、急速な技術変化と「情報爆発」とも呼ばれる通信需要の急激な拡大によって変化が激しいこと、そして、海底ケーブルの敷設・運用の主体が民間企業となり、政府が介入しない民間と民間の契約が主になったため、情報が公開されにくくなったことがある。[12]

しかし、それでも英国の電信ネットワークと米国のインターネットとの間に類似性を見出す研究はある。トム・スタンデージ（Tom Standage）は、「19世紀にはテレビも飛行機もコンピュータも宇宙船も無かった。抗生物質もクレジットカードも電子レンジもＣＤも携帯電話も無かった。しかし、インターネットはあった」と『ヴィクトリア朝時代のインターネット（*The Victorian Internet*）』の冒頭で述べ、19世紀の英国において電信によって瞬時に通信ができるようになった意義を指摘した。[13]

同様に、英国が帝国統治のために電信のネットワークを活用し、物流のネットワークと

10 ヘッドリクの3冊の他、例えば、以下を参照。西田健二郎監・訳・編『英国における海底ケーブル百年史』国際電信電話、1971年。ケーブル・アンド・ワイヤレス会社編（国際電信電話株式会社監訳）『ケーブル・アンド・ワイヤレス会社百年史――1868～1968年』国際電信電話、1972年。Hugh Barty-King, *Girdle round the Earth: The Story of Cable and Wireless and its Predecessors to Mark the Group's Jubilee 1929-1979*, London: Heinemann, 1979. Bern Dibner, *The Atlantic Cable*, New York: Blaisdell, 1964. P. M. Kennedy, "Imperial Cable Communications and Strategy, 1870-1914," *The English Historical Review*, Vol. 86, No. 341, 1971, pp. 728-752.

11 比較的分かりやすいものとして以下のようなものが挙げられる。郵政省通信政策局編『海底ケーブル通信新時代の構築へ向けて――日本の貢献』大蔵省印刷局、1988年。郵政省編『世界を結ぶ光海底ケーブル』大蔵省印刷局、1992年。KDD総研調査部編『21世紀の通信地政学――グローバル・テレコム・ビジネスの最前線』日刊工業新聞社、1993年。城水元次郎『電気通信物語――通信ネットワークを変えてきたもの』オーム社、2004年。光海底ケーブル執筆委員会『光海底ケーブル』パレード、2010年。

12 日本ではNTTコミュニケーションズとKDDIが二大海底ケーブル事業者になるが、両社への聞き取り調査によれば、現代の海底ケーブルについての公的な統計は国際電気通信連合（ITU）にも日本政府（総務省）にもなく、民間の調査会社であるTelegeography社（https://www2.telegeography.com/）の情報が最も詳しいだろうとの見解が得られた。しかし、同社の調査報告書は数千ドルと高価であり、本書では用いることができなかった。

13 Tom Standage, *The Victorian Internet*, New York: Walker and Company, 1998, p. xiii.（服部桂訳『ヴィクトリア朝時代のインターネット』ハヤカワ文庫、2024年）

組み合わせた点が、米国によるインターネットと物流ネットワークを組み合わせたことと共通するという指摘もある。[14]

しかし、英国の持っていた海底ケーブルの優位性がいかにして失われ、米国が台頭したのかという点については必ずしも明らかにされていない。国際政治における覇権国が英国から米国に移行したことが主たる理由であるとしても、海底ケーブルという技術に注目した説明が欠けているといわざるを得ない。そこで、以下では、海底ケーブルを軸に、19世紀半ばから現代までの英国と米国のグローバルな通信覇権について検討し、何が移行期間に起きたのかを見ていこう。

4 電信と海底ケーブルの発明

電信技術の実用化は1837年の英国で、W・F・クック（W.F.Cooke）とチャールズ・ウィートストーン（Charles Wheatstone）によって行われた。[15] 1837年はヴィクトリア（Victoria）女王が即位した年であり、大英帝国の絢爛期である。

電信が最初に実用化されたのは、1938年、ロンドンのパディントン駅と、ウエスト・ドレイトン駅の間を走るグレート・ウェスタン鉄道の線路沿いに引かれた電信線だとされている。[16]ウエスト・ドレイトン駅はロンドンの空の玄関口であるヒースロー空港の北方5キロメートルほどのところにある。不安定だった鉄道の運行状況を知るために設置されたようで、鉄道と電信は同時に発展していった。

海底ケーブルが実用化されたのは、1850年である。英仏間のドーバー海峡に海底ケーブルを敷設したのはジェイコブ・ブレット（Jacob Brett）とジョン・ワトキンス・ブレット（John Watkins Brett）の兄弟である。しかし、彼らの敷設した最初の海底ケーブルは、敷設の翌朝にはつながらなくなった。新種の海草と勘違いした漁師によって切断されてしまったからである。[17]切断されてしまうとまったく役に立たないという通信ケーブルの脆弱性

14　土屋大洋「大英帝国と電信ネットワーク――19世紀の情報革命」『GLOCOM Review』第3巻3号、1998年。土屋大洋『情報とグローバル・ガバナンス――インターネットから見た国家』慶應義塾大学出版会、2001年。土屋大洋『ネットワーク・パワー――情報時代の国際政治』NTT出版、2007年。
15　西田監・訳・編『英国における海底ケーブル百年史』3～8頁
16　山田次郎『七つの海に伸びて百三十年――海底ケーブルについての講釈六章』（非売品）ハル・アド、1980年、3～4頁。
17　同、11～17頁。

が最初に露呈した事件といえよう。
１８５５年までには大西洋をはさんで英国と米国で国内電信ネットワークが発達していた。大西洋を横断する海底ケーブルの敷設プロジェクトを中心的に進めたのは、米国人のサイラス・フィールド（Cyrus W. Field）である。彼は幾度もの失敗を繰り返しながら、１８６６年に無傷の海底ケーブルの敷設を完成させた。[18]
その次の英国の目標は、植民地の拠点であるインドであった。既に１８６０年に陸線によって英印間は結ばれていたが、ジブラルタル海峡から地中海に入り、マルタ島を経由してスエズ運河を通り、紅海からインド洋に抜け、ボンベイ（現ムンバイ）に達する海底ケーブルが引かれた。
その後、英国は世界各地の植民地を海底ケーブルでつなぎ、ロンドンの指令を短時間で帝国中に伝えるとともに、貿易を活性化させることに使った。アジアでは香港、上海まで英国系のネットワークが接続された。上海から日本の長崎までつないだのはデンマークの大北電信だったが、世界の主要都市へ英国は神経網を接続することになった。

5 大英帝国による電信ネットワーク利用

戦争において電信が最初に活用されたのは、1853年から56年にかけてクリミア半島を主戦場として戦われたクリミア戦争である。2014年にウクライナ領だったクリミア半島をロシアが一方的に併合するが、その160年以上前のことである。クリミア戦争では現地の司令部まで電信が引かれ、威力を発揮した。

やがて19世紀から20世紀の変わり目にグリエルモ・マルコーニ（Guglielmo Marconi）が無線電信技術を発明すると、無線と有線の電信ネットワークは大英帝国の統治に欠かせない技術となった。ロンドンから遠く離れた植民地の反乱を抑えることはいうまでもなく、経済にも活用された。

ポール・ロイター（Paul Reuter）は、伝書鳩を使った情報サービスをいち早く電報に置き換えることで成功し、現代のロイター通信につながる通信社をつくった。ロイズ保険組合

18 同、21～25頁。

表1-1　世界の電信ネットワークの所有割合（1892〜1908年）

	1892年	1908年	増加分
	km	km	km
英国	163,619（66.3）	265,971（56.2）	102,352（45.2）
米国	38,986（15.8）	92,434（19.5）	53,448（23.6）
フランス	21,859（8.9）	44,543（9.4）	22,684（10.0）
デンマーク	13,201（5.3）	17,768（3.8）	4,567（2.0）
ドイツとオランダ	4,583（1.9）	33,984（7.2）	29,401（13.0）
その他	4,628（1.9）	18,408（3.9）	13,780（6.1）
合計	246,876（100.0）	473,108（100.0）	226,232（100.0）

注　（　）内は全世界の電信ネットワークに占める割合（%）
出所　Daniel R. Headrick, *Invisible Weapon: Telecommunications and International Politics 1851-1945,* New York: Oxford University Press, 1991, p. 94.

は、船舶の安全につながる天候や航路の情報を電信ネットワークで交換し、積み荷がどこの港に入れば高く売れるかという情報も入手した。

電信ネットワークの重要性にいち早く気づいた英国政府は、後のケーブル・アンド・ワイアレス（C&W）社につながる政府系の電信会社を組織し、イースタン・テレグラフ・カンパニーへと集約していく。こうした英国政府の積極策によって、1892年時点で英国は世界の電信ネットワークの66・3%、1908年時点では56・2%を押さえることになった（表1－1）。

英国は、こうした物理的なインフラストラクチャとしての海底ケーブルを支える法的なインフラストラクチャとして、各国との間に二国間協定や多国間協定を結ぶとともに、英国政府と民間企業、あるいは他国政府と英国の電信企業との間の協定を数多く結ぶ。1865年には第1回国際電信会議（万国電信会議）が開かれた。続いて1868年に第2回、72年に第3回が開かれている。しかし、これは圧倒的な強さを持つ英国を牽制するための他の国々による会議であり、当初、英国は参加しなかった。しかし、1875年の国際電信会議には遅れて参加し、後の国際電気通信レジームの基礎となった。1906年には国際無線電信会議も開かれた。

この英国の電信ネットワークにおける強さは、その後の第一次世界大戦、第二次世界大戦においても維持される（戦時中は短波無線が多く利用されたが、短波無線は天候に左右されやすいため、平時においてはより安定した通信が必要になった）。しかし、英国がドイツの海底ケーブルを切断したように、英国の海底ケーブルも無傷ではいられない。各所において切断され、そのまま使えなくなるものも多かった。そして、英国による海底ケーブルの支配、そして通信インフラストラクチャ支配は、戦後、思わぬ形で挑戦を受ける。それは人工衛星による通信の登場である。

6 人工衛星による断絶

高まる通信需要に応えるインフラ

第二次世界大戦でヨーロッパは多大な損害を受け、インフラストラクチャの修復もまた重要な課題となった。

それまで海底ケーブルに使われていたのは電信用ケーブルであり、それを改良するものとして、同軸ケーブルが1880年に物理学者のオリヴァー・ヘヴィサイド（Oliver Heaviside）によって発明された。また、ヘヴィサイドは1887年、海底ケーブルの静電容量が陸線に比べて大きいこと、装荷（導体の周りに鉄線や磁性テープを巻きインダクタンス成分を大きくすること）により、海底ケーブルの損失を減じ、通信速度を速くできるとの理論を発表した。1920年代まで、この理論を適用した装荷ケーブルが敷設されたが、長距離の電話を疎通することはできず、無線通信の発達により、国際通信の主役の座を奪われてしまう。

しかし、当時用いられていた短波無線は、通信可能な時間帯に制限があったこと、雑音が多かったこと、通信できる容量に制限があったことなどから、より安定した通信方式が求められるようになる。第二次世界大戦後の通信需要の高まりは、新しい技術を求めることになった。それに応えたのが、人工衛星による通信および海底中継器を用いた新型の同軸ケーブルシステムである。

人類最初の人工衛星は、1957年10月4日ソ連によるスプートニクの打ち上げであった。この「スプートニク・ショック」は米国の宇宙開発政策を刺激することになり、米ソを中心とする各国の人工衛星打ち上げが始まった。

通信用の衛星として最初に実用化されたのは、1962年7月に米国が打ち上げたテルスターである。さらに、1962年12月13日には、リレー1号衛星も打ち上げられた。このリレー1号は1963年11月23日にジョン・F・ケネディ（John F. Kennedy）米国大統領の暗殺事件を日本のテレビ視聴者に伝えた。それは初の日米間テレビ伝送実験中のことであった。

人工衛星による通信は、地上や海底にケーブルを敷設しなくてよいという点で、一度衛星の打ち上げに成功してしまえば有利であった。無線を使った人工衛星による通信は天候や衛星の位置による制約を受けるとしても、海底電信ケーブルを遅れた技術にしてしまう技術革新であった。

この人工衛星時代の到来が、英国による海底電信ケーブルの時代を終わらせた一つの要因といってよいだろう。人工衛星による通信を主導したのは米ソであり、宇宙開発は軍事戦略的な思惑もあって、1960年代以降、両国が多大な投資を行いながら競争していくことになった。その頃になると英国はかつての勢いを失い、独自の海底ケーブルの維持・更新、さらに人工衛星への投資に注力することはできなくなっていた。

インテルサット

人工衛星は通信目的だけでなく、通信の一形態である放送、地表面の探査や気象観測、軍事偵察など多目的に利用可能なため、実用化されると各国は先を争って打ち上げた。1950年代末から60年代までは急激な増加を見せた(図1−1)。

しかし、各国政府が単独で人工衛星プロジェクトを遂行するには負担が大きすぎた。そこで西側諸国は1964年に国際機関としてインテルサット(Intelsat)を組織した。インテルサットは各国が共同で利用できる衛星を打ち上げ、運用することで、国際的な衛星通信を大幅に前進させることになった。

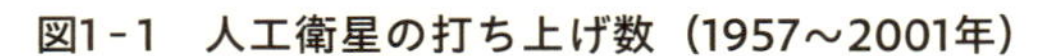
図1-1　人工衛星の打ち上げ数（1957〜2001年）

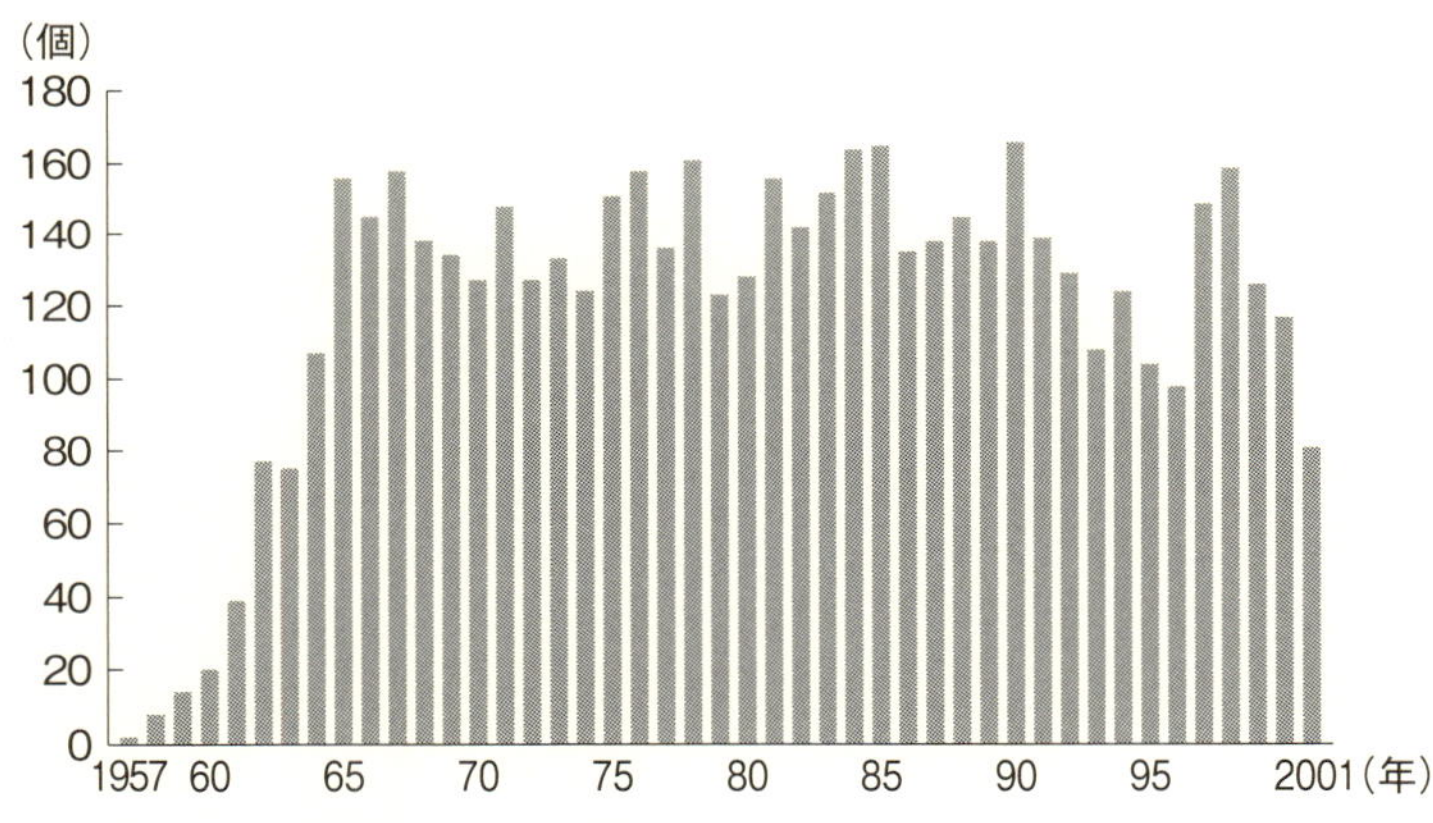

出所　衛星通信年報編集委員会編『衛星通信年報』（KDDIエンジニアリング・アンド・コンサルティング、2002年）357頁

インテルサットを主導したのは、米国のケネディ政権である。米国のリーダーシップにより速やかに全世界的な衛星通信を実現するとの構想の下に、1962年8月に「通信衛星法（Communications Satellite Act of 1962）」を成立させ、翌63年2月に「通信衛星会社（コムサット＝COMSAT）」を設立した後、西欧、オーストラリア、カナダ、日本に対して世界商業通信衛星組織の設立を呼びかけ、64年5月から政府間交渉を開始した。[19]

　人工衛星による通信が本格的に民間に使われるようになるのは1970年代の後半である。1977年版の日本の『通信白書』は第2章で「新局面を迎えた宇宙通信」として38ページにわたる特集を組んでいる。[20]

1960年代半ばから92年までは毎年120個以上の人工衛星が打ち上げられてきたが、その後、一時的な上昇は見られるものの、減少傾向が見られる（図1－1）。それは、戦後、人工衛星に凌駕されてきた海底ケーブルが、再び表舞台に戻ってくるからである。なお、2010年代半ば以降、低軌道（LEO：Low Earth Orbit）衛星によるコンステレーション（星座、集まりの意）技術が進んだことにより、人工衛星の数は急激に増えた。2019年に2000機を超え、23年には9000機を超える人工衛星が使われている。例えば、ロシアとの戦争が始まった後のウクライナでも使われて知られるようになったスターリンクは、低軌道衛星のコンステレーション技術を使っている。こうした技術の低価格化が進めば、太平洋島嶼国にとっては海底ケーブルを代替する技術になるだろう。また、内陸部の僻地で光ファイバーの陸線を引きにくいところでも有用な技術となる。

7 海底同軸ケーブルと光海底ケーブル

第1大西洋横断テーブル

ここでは、日米間の太平洋を例に、第二次世界大戦後の通信需要の増加とケーブル技術の発展を見ていこう。

衛星通信の登場とほぼ軌を一にして、20世紀初頭から続いていた新しい海底ケーブル技術が花開いた。すなわち、深海底の水圧にも耐える海底中継器と同軸ケーブルを組み合わせたシステムの開発である。第二次世界大戦後しばらくは、無線通信に押され大洋横断の海底ケーブルの敷設はなかったが、1956年になり、後に第1大西洋横断ケーブル（TAT－1）と呼ばれるシステムが敷設された。電話の疎通が可能な初めての大洋横断の

19 郵政省編『通信白書（昭和52年版）』大蔵省印刷局、1977年、41頁。
20 同、37～74頁。

海底ケーブルである。太平洋では１９６４年に初めて日本からハワイまでがつながり、当時の池田勇人首相とリンドン・ジョンソン（Lyndon Johnson）米国大統領による記念通話が行われている。

１９７２年のデータによれば、米国本土から日本へ電話をする場合、米国本土とハワイの間には第１ハワイケーブル（ＨＡＷ－１：電話48回線分）と第２ハワイケーブル（ＨＡＷ－２：１４２回線）という２本の同軸海底ケーブルがあり、ハワイからグアムまでは１９６４年６月に運用開始した太平洋横断ケーブル（ＴＰＣ－１）の１４２回線、グアムから日本の神奈川県の二宮までは１３８回線分が利用可能であった。

その後、第３ハワイケーブル（ＨＡＷ－３）が敷設されると、米国本土とハワイの間は一気に８４５回線確保されるが、ハワイと日本の間は同じままだった。１９７６年１月に第２太平洋横断ケーブル（ＴＰＣ－２）が完成すると、ハワイから日本の沖縄までの間に８４５回線が加えられることになった。１９７６年の国際電話料金は、日本と米国本土の間で３分３２４０円であった。この年、加入電話からの市内通話料金が３分10円に値上がりしたが、国際電話がいかに高かったかが分かる。

１９７８年３月末の時点で、世界の国際海底ケーブルは30本１万７０３４回線で、大西洋地域に15本８６５３回線（50・８％）、太平洋地域11本６１２１回線（35・９％）、地中海地域4本2260回線（13・3%）の順となっていた。ケーブルの最終陸揚げ国別では、米国が11本で最も多く、英国8本、カナダ6本、日本5本、フランス5本となっていた。[21]

これに対して同じ時期、インテルサット衛星は大西洋上で2個、太平洋上およびインド洋上で各1個、計4個が運用中で、回線容量は電話2万2000回線およびテレビ8回線であった。[22] 同軸海底ケーブルと衛星通信は、回線容量という点では大差なく、一度打ち上げてしまえば、衛星通信のほうが、効率が良かったといえるだろう。1986年末のデータ（伝送方式別対外直通回線構成比）は、通信衛星63・6%、海底ケーブル34・2%、その他2・2%となっていた。[23] 翌年にはそれぞれ、69・3%、30・0%、0・7%となっている。[24]

21　郵政省編『通信白書（昭和53年版）』大蔵省印刷局、1978年、123頁。
22　同。
23　郵政省編『通信白書（昭和62年版）』大蔵省印刷局、1987年、391頁。
24　郵政省編『通信白書（昭和63年版）』大蔵省印刷局、1988年、330頁。

光海底ケーブルの登場

しかし、この状況を大きく変えることになったのが、1989年4月に運用を開始した第3太平洋横断ケーブル（TPC－3）であった。この第3太平洋横断ケーブルは、これまでの同軸ケーブルではなく、光ファイバーを使った光海底ケーブルであった。光ファイバーのほうが同軸ケーブルよりもはるかに細く、1本当たりの伝送容量も圧倒的に大きいことから、光海底ケーブルの到来は待ち望まれていたが、その開発には様々な困難が伴った。[25]

ようやくそうした困難を克服し、大容量の光海底ケーブルが引かれたことで、やがて衛星通信と海底ケーブルの関係が逆転することになる（海底ケーブルの割合が増えはじめたのは1989年）。回線容量は、第2太平洋横断ケーブルが845回線だったのに対し、第3太平洋横断ケーブルでは、千葉県の千倉とハワイの間が3780回線、ハワイと米国本土の間が7560回線になった。1991年4月の時点で日米間の国際電話は3分で680円に値下がりした。その陰で1991年9月1日に第1太平洋横断ケーブルは運用を停止した。これは「アナログからデジタルへ、銅線から光ファイバーへという、国際電気通信における新旧交代の象徴的な出来事であった」[26]。

さらに、1992年11月には、1万5120回線の容量を持つ第4太平洋横断ケーブル（TPC－4）が敷設された。1996年には初めて光直接増幅の中継器を用いた第5太平洋横断ケーブル（TPC－5CN）[27]が敷設された。1998年にはこのTPC－5CNで光波長多重伝送が成功し、回線容量が12万回線から24万回線に倍増する。これが今日まで続く光海底ケーブルの爆発的容量増大の端緒である。1999年にドイツ・英国からアジアを通って日本に接続されたSEA－ME－WE3と呼ばれる海底ケーブルは、最初から

25　光ファイバーの技術自体は1970年に実用化されていたが、海底ケーブルに用いるには困難が伴った。第3太平洋横断ケーブル敷設に伴う困難については、以下を参照。新納康彦「太平洋1万キロ決死の海底ケーブル〝国際光海底ケーブルネットワーク〟」『武蔵工業大学環境情報学部情報メディアセンタージャーナル』第7号、2006年、60～69頁。新納康彦「光海底ケーブル開発の歴史Ｉ――歴史に学ぶ技術の進歩」『IEEJ Journal』第130巻10号、2010年、694～697頁。新納康彦「光海底ケーブル開発の歴史II――失敗から学び成功へ」『IEEJ Journal』第130巻11号、2010年、760～763頁。

26　郵政省編『通信白書（平成3年版）』大蔵省印刷局、1991年、63頁。

27　CNはCable Networkの略。それまで、衛星とケーブルは相互にバックアップしていたが、ケーブルの容量が増大したため、ケーブルのバックアップは別ルートのケーブルによることとなり、リング状の「ケーブル・ネットワーク」を構成した。

光波長多重方式を採用し、さらに大容量化が図られた。

第二次世界大戦後、同軸ケーブルによる海底ケーブルの世界を打ち破ったのは、米ソの冷戦に端を発した人工衛星開発競争であり、その結果として同軸ケーブルを上回る容量の国際通信が通信衛星によって担われる時代が１９８０年代末まで続いた。ところが、通信衛星優位の状況は、光海底ケーブルによって打破され、現在まで光海底ケーブル優位の時代が続いている。

この通信衛星および光海底ケーブルという二つの技術革新の中心にいるのは米国であった。ソ連（ロシア）と並んで最も多く人工衛星を打ち上げるとともに、１９７０年に光ファイバーの特許を取得したのは米国のコーニング社（Corning Incorporated）であった。

無論、光海底ケーブルの発展に貢献したのは米国だけではない。光ファイバーによる太平洋横断ケーブルを可能にしたのは日本のＫＤＤの技術であった。しかし、１９９５年以降、インターネットが一気に世界に広がり、通信需要の大半がインターネットによって生み出されるようになったとき、やはり中心にいるのは米国であった。ただし、それは米国政府ではなく、米国企業である。その変化を次に見ていこう。

8 通信主権とITバブル

コモンキャリアとノンコモンキャリア

最も初期の海底ケーブル敷設にあたっては、ある国の通信事業者が、外国政府から海底ケーブル陸揚げに関する免許（concession）を独占的に取得していた。[28] 日本にとっての最初の海底ケーブルを長崎につないだ大北電信もそうである。

しかし、第二次世界大戦後、発展途上国が独立・台頭してくると、「通信主権」の概念を持ち出してきたため、海底ケーブルの敷設・運用・保守を関係する2カ国以上の通信事業者の共同出資により行う形態が登場した。これは「コモンキャリア・ケーブル」と呼ばれている。コモンキャリアとはもともと交通の世界で公共運送人のことだったが、通信の世

---

28 高崎、前掲論文、2003年。椛島隆富「急伸する国際トラフィック 新ケーブル事業が目白押し」『日経コミュニケーション』1998年9月21日号、152～157頁。松本潤「国際網のネットワークプランニング」『電子情報通信学会誌』第76巻2号、1993年、116～120頁。

界では自前で通信設備を有する通信事業者のことである。このコモンキャリア方式に参入する通信事業者は、たいていの場合、各国の独占事業者や国営事業者だったので、各国政府は海底ケーブルに主権を主張しやすかった。

日本の場合、１９５３年に郵政省管轄の特殊会社として設立された国際電信電話（ＫＤＤ）は、国際通信を独占的に扱っていたため、日本政府も第１太平洋横断ケーブルや第２太平洋横断ケーブルについては、『通信白書』で日本が主権を有する海底ケーブルとして記述していた。しかし、98年にＫＤＤ法が廃止され、ＫＤＤは特殊会社ではなくなった。さらに、ＤＤＩなどと合併し、現在はＫＤＤＩとなっている。民間会社が保有する海底ケーブルに対して政府が主権を主張するのは難しい。

さらに、１９８５年に米国でテル・オプティーク（Tel-Optik）社が、ノンコモンキャリア（非公衆通信事業者）として大西洋横断ケーブルの免許を取得した。つまり、自分で通信事業をしない営利企業が海底ケーブル敷設に参入してきたことになる。そしてこうしたノンコモンキャリアは、ケーブル容量の売却、賃貸をしはじめた。

１９９０年代に入るといっそう状況が変化してくる。通信需要の拡大が見込まれ、光海底ケーブルの建設ラッシュが始まると、米国のＡＴ＆Ｔ（American Telephone & Telegraph Company）はＡＴ＆Ｔ－ＳＳＩ（Submarine Systems, Inc.）、日本のＫＤＤはＫＤＤ－ＳＣＳ

(Submarine Cable Supplier)という海底ケーブルの建設部門を切り出した会社を設立し、本格的にビジネスとしての海底ケーブル敷設に乗り出した。

さらに1998年以降、米国のグローバル・クロッシング(Global Crossing)、レベルスリー(Level 3)、360ネットワークス(360networks)、ワールドコム(Worldcom)といった企業がケーブルビジネスに参入し、強気の投資を行う。ちょうどインターネットを中心とするITバブルが始まり、米国のビル・クリントン(Bill Clinton)政権第2期には「ニューエコノミー」といった言葉も聞かれるほど、好景気に沸いた。こうした企業による光海底ケーブルは、「プライベート・ケーブル」と呼ばれた。

ところが、永続的に続くと過信されていたITバブルが2001年にはじけてしまった。こうした新興企業の多くは破綻した。しかし、会社が消えて無くなっても、物理的なインフラストラクチャとしての光海底ケーブル自体は消えることはない。会社の清算に伴って安く転売され、さらに通信料金を下げる要因となった。

失われる政府の主権

こうした業界の転換過程で、米国を含めて、各国の政府は海底ケーブルに対する主権、もっと広く言えばコントロール権を失っていく。日米間には数多くの光海底ケーブルが敷設され、さらに日本からは中国やアジア各国に光海底ケーブルはつながっている。海底ケーブルを規制するすべての国家権限が失われる事態は憂慮しなくてはならないが、かといって国家権力が直接介入する法的根拠は既に失われている。日本の場合、ＮＴＴがいまだに特殊会社であるので、その傘下にあるＮＴＴコミュニケーションズの海底ケーブルにコントロール権を及ぼすことは可能かもしれないが、現実には難しいだろう。

状況は米国でも同じである。米国にはもともと国営通信事業者や独占通信事業者は存在しない。分割対象となったＡＴ＆Ｔでさえ、独占的ではあるが完全な独占企業ではなく、純粋な民間事業者であった。正当な理由がなければ（国家安全保障上の事態でもなければ）、簡単に海底ケーブルのビジネスに介入できるわけではない。大英帝国が国策会社を通じて海底ケーブルをコントロールした時代とは大きく異なっている。

とはいえ、安全保障や経済安全保障の論理によって通信事業への介入が正当化されつつある。そうした議論については本書の第Ⅴ章、第Ⅵ章で見ていこう。

9 海底ケーブルのガバナンス

インターネット・ガバナンスの実情

先述のように、英国は電信ケーブルの支配において、二国間協定や多国間協定を結ぶことによって、法的なインフラストラクチャとした。1865年の国際電信会議は、現在の国連専門機関である国際電気通信連合（ITU）につながっている。

しかし、そうした枠組みは、現在のインターネットの世界では必ずしも見られない。初期のインターネットはITUの関知しないところで接続され、ITUは各国の事業者（その多くは国営独占事業者）の収益源である電話の問題と無線周波数の割り当ての問題を扱ってきた。2000年頃からITUはインターネットに関心を示すようになり、グローバルなデジタル・デバイド解消のための会議として世界情報社会サミット（WSIS）を2003年と05年に主催した。

そこでの米国の影響力は、必ずしも圧倒的というわけではない。ITUは国連の専門機関であるため、基本的には各国が平等な権限を持ち、国連の安全保障理事会のような拒否権が使えるわけではないからである。インターネットの問題をＩＴＵで扱えば、必ずしも米国は影響力を十分に発揮することができない。逆に、中国をはじめとする一部の国々は、インターネットの管理（インターネット・ガバナンス）をＩＴＵで行うべきだとＷＳＩＳなどの場を通じて主張し続けてきた。

実質的にこれまでのインターネット・ガバナンスを担ってきたのは、インターネットの技術標準を議論するＩＥＴＦ（Internet Engineering Task Force）や、ウェブに関する技術標準を議論するＷ３Ｃ（World Wide Web Consortium）、ドメインネームやＩＰアドレスの割り当てを議論するＩＣＡＮＮ（Internet Corporation for Assigned Names and Numbers）などである。ＩＴＵも含めてどこか単一の機関がインターネット全体に責任を負っているということにはなっていない。そうした「自律・分散・協調」によるインターネット・ガバナンスは、米国も含めてどの国の政府にも従わない。

そうすると、電信のネットワークに対して英国政府が持ち得たような影響力を、インターネットに対して米国政府は持ち得ないということになる。実際、米国政府がインターネットに対して公式に持っている法的な管理権限はそれほどない。

しかし、よく知られているように、インターネットで最も重要なサーバーといわれるル

表1－2　ルートDNSサーバーの所在国と管理者

ルート・サーバーの頭文字	所在国	管理者
A	米国	VeriSign
B	米国	情報科学研究所
C	米国	Cogent Communications
D	米国	メリーランド大学
E	米国	米国航空宇宙局エイムズ研究センター
F	米国	Internet Systems Consortium
G	米国	米国国防情報システム局
H	米国	米国陸軍研究所
I	スウェーデン	Netnod
J	米国	VeriSign
K	オランダ	RIPE NCC
L	米国	ICANN
M	日本	WIDEプロジェクト

出所　rootservers.org〈https://www.root-servers.org/〉（2023年10月12日アクセス）

ートDNS（Domain Name System）サーバーは、世界13のうち、10が米国に位置している（表1－2）。現在ではルートDNSサーバーの機能はさらに多くのサーバーに分散されているため、13のルートDNSサーバーは象徴的な存在になっている。したがって、その配置を議論しても技術的にはそれほど大きな意味はないが、政治的には議論の対象になっている。

米国の影響力を支えているもの

むしろ、米国のインターネットへの影響力を支えているのは、法的なインフラストラクチャではなく、物理的なインフラストラクチャであり、その地政学的な配置であろう。どの国とどの国の間で、どの場所とどの場所との間で海底ケーブルをつなぐかという判断は、各国が決められることである。ネットワークの世界では、小さなネットワーク同士がつながるよりも、大きなハブに直接つながるほうが有利になる。「優先的選択」といわれるルールが、大きなネットワークをさらに大きくし、ハブを形成していく。[29]

本来、大西洋と太平洋という二つの大きな大洋に隔てられた米国は、地理的にはハブになる要素は弱い。しかし、国際政治経済における覇権的な地位をテコとし、技術によって大西洋ケーブルと太平洋ケーブルを敷設し、インターネットという新しい技術で需要を喚起することで、米国は通信のハブとなっている。

21世紀が4分の1近く過ぎた時点で、世界的に見てインターネットへの接続が遅れているのは、サブサハラ地域（アフリカ大陸のサハラ砂漠より南の地域）と太平洋島嶼国・地域であるといわれている。そうしたデバイドを埋めるべく、アフリカ大陸の東海岸と西海岸には各種の海底ケーブルが引かれるようになっている。アフリカ内陸部の問題は依然として残るものの、海底ケーブルという意味では、次の課題は太平洋島嶼国・地域になる。しかし、そこでも、米国の影響力がやはり大きい。

既に2023年には全世界で54億人がインターネットを利用しているが、太平洋島嶼国を含むオセアニアはその0・6％にすぎない。その0・6％のうちの82・2％がオーストラリアの利用者であり、15・8％がニュージーランドである。残りのわずか2・0％が太平洋島嶼国・地域の人々である（世界全体の0・01％）[30]。

そのなかで、米領グアム島は、米国の軍事基地であるとともに、アジア太平洋地域の要衝であることから、かなり早い段階で海底ケーブルに接続されている。しかし、そこから

---

29 アルバート＝ラズロ・バラバシ（青木薫訳）『新ネットワーク思考――世界のしくみを読み解く』日本放送出版協会、2002年。

30 全世界の利用者数は以下を参照。ITU, Measuring Digital Development Facts and Figures 2023, ITU 〈https://www.itu.int/itu-d/reports/statistics/facts-figures-2023/〉, 2023. オセアニアのデータは、米国中央情報局（CIA）の人口数に国際電気通信連合（ITU）の各国の利用者割合をかけ合わせて算出。ITU, “Individuals Using the Internet,” ITU 〈https://datahub.itu.int/data/?i=11624〉, 2023. CIA, The World Factbook, CIA 〈https://www.cia.gov/the-world-factbook/field/population/country-comparison/〉, Publish Date Unknown.

約1300キロメートル離れたパラオは、米国から経済援助を受け入れ、外交・安全保障政策を米国に委任するという自由連合盟約（コンパクト）を結びながらも、なかなか海底ケーブルには接続されなかった（第2アジア・太平洋ケーブルネットワーク［APCN2］が1万9000キロメートルもあることを考えれば、1300キロメートルが遠すぎるとは考えられない）。

パラオは、米軍によるパラオへの核持ち込みを住民投票によって何度も否決するなど、必ずしも米国の意に沿わない選択をしたこともあった。[31]

インターネットの個々のコンテンツの容量が大きくなっている現状では、衛星通信の帯域はもはや十分とはいえない。米国との間でもっと良好な関係を早くパラオが結んでいれば、状況はもっと早く変わっていたかもしれない。米中の貿易・技術摩擦が激しくなったトランプ政権以降は、パラオは反中姿勢を明確にし、日米豪から積極的な支援を得ている。

発展途上国にとってインターネットは必ずしも福音ではない。かつての電話の時代には、先進国との通信料金は、国営独占事業体にとって貴重な収入源だった。通信主権の名の下に先進国と交渉し、割高な料金徴収を行い、それを通信インフラストラクチャの整備に回すことができた。しかし、インターネットの普及によって人々は電話やファクシミリを使わなくなり、通信料金収入は減少している。その代わりにインターネットの接続料を割高にすれば、それだけ利用者は増えないという悪循環に陥る。それを克服するための海底ケーブルの敷設を、弱い国は自らの力で達成することができない。

10 距離の暴虐から距離の死へ

英国の電信から米国のインターネットへという移行の間には、人工衛星による断絶の時期があった。そして、通信の需要の増大は、従来の同軸ケーブルではなく、光ファイバーによる海底ケーブルを生み出した。その過程で発展途上国による通信主権の主張が、プライベート・ケーブルという企業主導の海底ケーブルを普及させ、国家による海底ケーブルの支配力を弱めている。しかしながら、現在のインターネット・ガバナンスは、法的なインフラストラクチャではなく、物理的なインフラストラクチャに依拠しながら、米国の影響力を大きくしているといえるだろう。

31　増田義郎『太平洋――開かれた海の歴史』集英社新書、2004年、224頁。

インターネットをはじめとする通信ネットワークの接続性の確保は重要な政策課題である。世界中のトラフィックが集まる米国もまた、その接続性を海底ケーブルに依存している。大西洋と太平洋という二つの大きな大洋における海底ケーブルこそが、米国の繁栄と安全にとっての頼みの綱といっても過言ではない。

海と国家の関係を考えるとき、人類は海底ケーブルによって「距離の暴虐（tyranny of distance）[32]」から「距離の死（death of distance）[33]」へ変えようとしてきた。英国と米国はそのための技術革新を生み出してきた。海底ケーブルは大洋を越えて拡張される国家の神経系である。

32　英国から遠く離れたオーストラリアについてジェフリー・ブレイニー（Geoffrey Blainey）が著書のタイトルにした言葉。Geoffrey Blainey, *The Tyranny of Distance: How Distance Shaped Australia's History*, South Melbourne: Macmillan, 1968（長坂寿久、小林宏訳『距離の暴虐――オーストラリアはいかに歴史をつくったか』サイマル出版会、１９８０年）.

33　フランシス・ケアンクロス（Frances Cairncross）が著書のタイトルにした言葉。Frances Cairncross, *The Death of Distance: How the Communications Revolution Is Changing Our Lives*, London: Texere, 1997（栗山馨監修、藤田美砂子訳『国境なき世界――コミュニケーション革命で変わる経済活動のシナリオ』トッパン、１９９８年）.

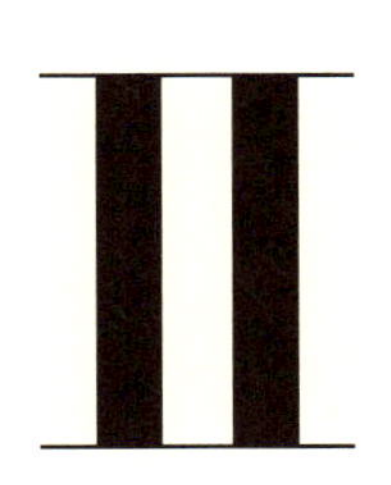

大日本帝国と海底ケーブル

1　日本の植民地と海底ケーブル

現代においては「植民地」と表現することは、政治的にはもはや正しくないかもしれない。しかし、19世紀後半から20世紀前半の日本の為政者たちはおそらく植民地の獲得・拡大という意図を持っていただろう。「大日本帝国」という名にふさわしい帝国を築いていた時代があったかどうかは、それぞれの判断である。とはいえ、現在の日本の国土から外に日本が手を広げていたことは確かである。そして、それらの地域・島々と海底ケーブルはつながっていた。

戦時中の1942（昭和17）年11月に海底線工事事務所が描いた「㊙本邦及附近海底電線路一覧圖」と題する地図が残っている。戦時中のことなので㊙マークが付いているのだろう。この地図では、北海道、本州、四国、九州の大きな四つの島をつなぐ海底ケーブルだけでなく、佐渡や小笠原諸島の父島や母島、隠岐、対馬、五島、種子島、屋久島、奄美大島、徳之島、沖縄、宮古島、石垣島、西表島といった主たる島々に海底ケーブルがつながっていたことが分かる。電信の海底線だけの場合もあれば、電話を兼ねる海底線もあっ

図2-1　㊙本邦及附近海底電線路一覧圖

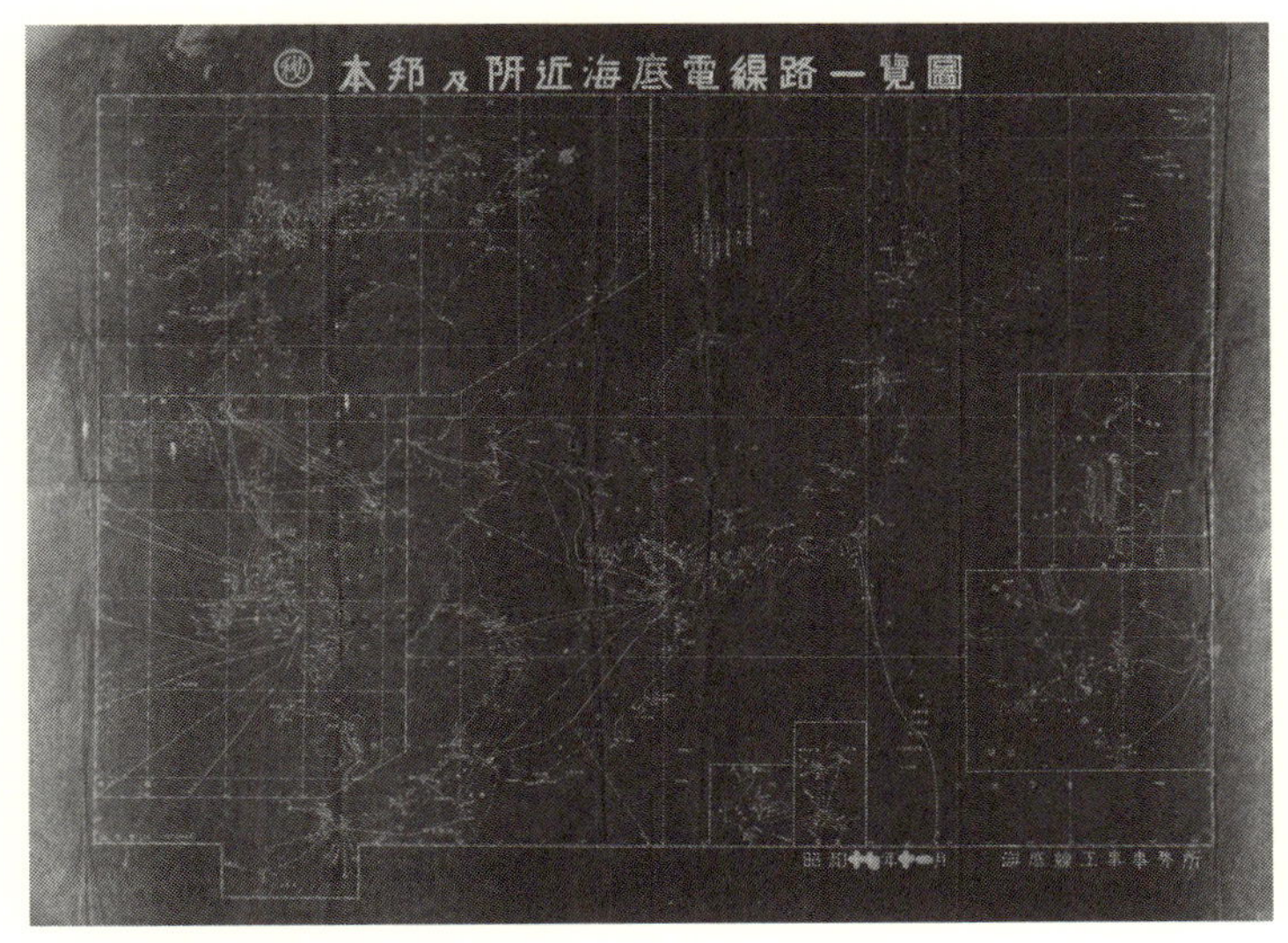

出所　海底線史料館

た。

現在では外国領や外国に支配されている島にも海底ケーブルはつながっていた。樺太、国後島、鬱陵島、朝鮮半島、中国大陸の大連や青島、上海、ヤップ島、台湾である。台湾の高雄から香港へつながる海底線や、台湾の西岸・布袋（ブーダイ）嘴（チン）から澎湖（ポンフー）列島を経て中国大陸の廈門（アモイ）へもつながっていた。小笠原諸島から先は米領のグアムにつながり、そこからハワイを経て米国西海岸へも通じていた。

この地図を見ると、当時の海底ケーブルの多くは、下関から朝鮮半島へつながるルート、長崎から中国大陸と台湾へつながるルートが主であり、日本はアジアに大きく開かれた国だったことが分かる。現在の日本の海底ケーブルは、太平洋を横断して米国とつながるものも多いが、当時の技術では太平洋を横断できる海底ケーブルはなく、米国とのつながりはグアムを経なくてはならなかった。１９４１年の真珠湾攻撃の後に描かれた地図だが、米国とのつながりが弱かったことが分かる。

周辺にあったのは日本が所有する海底ケーブルだけではない。ソ連のウラジオストクとは大北電信のケーブルが2本通っていた。大北電信は長崎と上海の間のケーブルも2本持っていた。上海と米国植民地だったフィリピンのマニラとの間には、米国の商業太平洋海底電信のケーブルが通っていた。中国の南方の沿岸地域には、東方拡張電信やフランス政府のケーブルもあった。当時から東アジアは密な通信ネットワークでつながっていたことになる。

2　長崎——日本初の国際海底ケーブル陸揚げの地

海底線資料館

ＪＲ長崎駅前から路線バスに乗ると、やがて左側に海を見ながら、三菱重工業の長崎造船所が見えてくる。ときおり隙間から見える造船所の中には海上自衛隊の艦艇らしきものが見える。山あいの道から西泊(にしどまり)トンネルを抜けると入り江沿いにＮＴＴワールドエンジニアリングマリンの事務所がある。運が良ければそこに海底ケーブル敷設船が接岸している。

２０１７年に就航したケーブル敷設船「きずな」は海底ケーブルを運び、海底に敷設し、そして修理するために独特の格好をしている。今どきの貨物船の船員はほとんど外国人ということが多いが、「きずな」の乗組員は全員日本人である。時には数週間、洋上で過ごすこともあるし、何年も前から予定されているケーブルの敷設だけではなく、突発的に起こるケーブル切断事故に対応するために急遽出港しなくてはいけないこともある。

ＮＴＴワールドエンジニアリングマリンの事務所の前を過ぎ、海底ケーブルが保存されているケーブル・ポッドの脇を通ると、右側に古い建物が姿を現す。大正時代に建てられた建物を使った海底線資料館である。このなかには実に興味深い品々と文書が保存されている。古い海底ケーブルの実物や敷設船で使われていた物品、撃沈された小笠原丸の模型もある。

小笠原丸は日本の逓信省の海底電纜（ケーブル）敷設船で、初の国産の敷設船だった。１９４５年8月15日の終戦時、稚内にいた小笠原丸は、樺太に避難民を迎えにいった。20日に樺太の大泊（おおどまり）を出港し、翌日、稚内で一部の避難民を降ろした後、秋田へ向かった。しかし、22日、北海道の増毛の沖合でソ連の潜水艦によって撃沈され、死者６４１人、生存者61人の大事故となった。

海底線資料館には、多くの紙資料も残されている。２０２２年11月、筆者は2回目の訪問をした。このときは小宮山功一朗さんが一緒で、ＮＴＴワールドエンジニアリングマリンの平林実さんと牧野公精さん他の協力・許可を得て、紙資料の大部分をデジタル撮影した。多くの紙資料は経年劣化によってページをめくるのも危ない状態になっている。自分たちの研究的関心もさることながら、失われる前にこれらの資料をできるだけ保存しておきたかった。すべての資料を撮影することは時間的・技術的に無理だったが、それでも撮影したデータは合計すると17ギガバイトに及んだ。

資料を渉猟して最初に分かったことは、既に重要な資料の多くは1971年に日本電信電話公社海底線施設事務所がまとめた『海底線百年の歩み』にまとめられているということだった。[1] この本は昔の百科事典よりも分厚い大判の本で、海底ケーブルの歴史がよく分かるすばらしい本である。おそらく先人たちはこの海底線資料館に足を踏み入れ、それをまとめたのだろう。順番に番号を振ったファイルがあり、それらは同書の編集時にバインドされたようだ。

しかし、同書の元になった原資料を見ることができるのはありがたい。一つひとつ見ているととても時間がかかるため、ひとまずはできるだけ撮影することを目標に2人で黙々と作業した。

そもそもなぜ長崎にこの資料館があるかといえば、日本にとって最初の国際海底ケーブルがつながったのが長崎だったからである。

1　日本電信電話公社海底線施設事務所編『海底線百年の歩み』電気通信協会、1971年。

大北電信という会社

1853（嘉永6）年のマシュー・ペリー（Matthew Perry）の黒船来航は、日本を江戸の眠りから覚まさせる大きな衝撃だった。翌年、再来日したペリーは、土産物の一つにエンボッシング・モールス電信機を持参した。[2] エンボッシングとはエンボス加工をする、つまり、凹凸を付けてメッセージを表示することで、モールスは電信機を発明したサミュエル・モース（Samuel Morse）のことである。ペリーが行わせた実験では、およそ900メートル離れたところにメッセージを送り、江戸の侍たちを驚かせた。

日本国内での電信線敷設は、明治維新の翌年の1869（明治2）年に東京－横浜間で行われた。1870年後半には神戸－大阪間の電信ケーブルが敷設されたという。[3]

その1870（明治3）年に明治政府はデンマークの大北電信からケーブル敷設の提案を受けた。後々、大北電信との契約は大きな問題になるとともに、なぜデンマークなのかという点が議論されることになる。

大北電信は、デンマークの会社ではあるが、ロシア政府から1869年にシベリア横断ケーブルを日本、中国に延長する委託を受けていたという。大北電信が競争入札を落札したが、それは、大北電信がロシア皇帝の家族とコネクションを持つ一方で、デンマークがどの大国とも提携していなかったとの事情があるという。[4] 一説では、ロシア皇帝のニコライ2世（在位1894〜1917年）が大北電信の大株主であったため、大北電信の通信はロシアに筒抜けだったという。[5]

この点について私は裏付けとなる資料を見つけることができていないが、ニコライ2世の母親であるマリア・フョードロヴナはデンマーク人で、デンマーク王クリスチャン9世の娘である。当時の人々がロシアと大北電信の関係を疑っていても不思議ではない。

ただ、1869年ないし1870年に王位にあったのは、ニコライ2世の祖父のアレクサンドル2世で、デンマークとの関係ははっきりしない。長崎に1871年につながった海底ケーブルがなぜデンマークの会社によるものだったのか、そのデンマークの会社がロ

2　ペリーが持参した電信機に関わる事情は以下に詳しい。川野邊冨次『テレガラーフ古文書考――幕末の伝信』川野邊冨次（個人出版）、1987年。電信百年記念刊行会編『てれがらふ――電信をひらいた人々』逓信協会、1970年。
3　マイク・ガルブレイス「日本の電信の幕開け――江戸末期から明治にかけて、日本は世界の国々とどのようにして結ばれていったのか」『ITUジャーナル』第46巻7号、2016年7月、26〜30頁。
4　同。
5　吉川猛夫監修『真珠湾のスパイ――太平洋戦争陰の死闘』協同出版、1973年、24頁。

シアとどういう関係にあったのかもはっきりしない。

海底ケーブルの歴史を研究する英国のイワン・サザーランド（Ewan Sutherland）によると、英国系のケーブルではなく、デンマークの大北電信が日本につなぐことを懸念した英国の関係者が日本の関係者に「大北電信はロシアのフロント企業だ」と吹き込んだ可能性があるという。[6] いわばフェイクニュースだが、それがもっともだと受け取られ、大北電信はロシアとつながっていたという話が定着したのかもしれない。

一つ確実なのは、大北電信のケーブルが、ロシアの領土を陸線で横切っていることである。それによってロシアは大北電信から通過料を取っていただろう。大北電信はロシア政府と交渉しなければならない立場であり、何らかの形でロシア政府に対する配慮が払われた可能性は否定できない。[7]

当時の海底ケーブルは、大英帝国系が圧倒的なシェアを持っていた。実際、そのネットワークはアジアではシンガポール、香港を経て上海まで到達していた。それを延長して上海から長崎までケーブルを敷設するのが自然ともいえたが、そうすると大英帝国の植民地のような扱いを長崎も受けかねない。別の選択肢をという考えが明治政府にあったのかもしれない。

いずれにしても、デンマークが一見すると独立しているようで、ロシアとつながっているかもしれないという認識が後々問題になる。日本は1904（明治37）年に日露戦争を起こすように、極東地域で日露はその権益を争う関係に発展していく。そのなかでロシアの息のかかった大北電信が上海－長崎間の海底ケーブルを独占的に扱う契約を得たことが問題となった。

日本の失策

しかし、少なくとも当初は、そうした問題は取り上げられず、日本にとって最初の国際海底ケーブルは1871（明治4）年6月3日に長崎に陸揚げされた。大北電信は、すぐに同年10月にはロシアのウラジオストクと長崎の間のケーブルも敷設している。シベリア横断ケーブルがつながるウラジオストクから見れば、長崎を経由して上海までケーブルを延長できたことになる。1854年にペリーが電信機を持ち込んでからわずか18年後であ

6　2024年10月26日、サザーランドとの私信電子メールによる。
7　2024年11月13日、サザーランドとの私信電子メールによる。

る。

かつて最初の電信局が置かれた長崎のＡＮＡクラウンプラザホテル長崎グラバーヒル前には「国際電信発祥の地」の記念碑が建っている（図２－２）。また、最初の電信ケーブルは、１９９６年５月に長崎県の茂木港で引き上げられ、ＫＤＤＩの栃木県小山の国際通信史料館で展示されていた（図２－３、２０１２年10月現在）。最初の電信を陸揚げした国際海底電線小ヶ倉陸揚庫は、元の位置からいったん解体され、移築され、現在も残っている（図２－４）。内部は一般公開されていないが、外からその様子をうかがうことができる。長崎歴史文化博物館には当時の資料が残っており、一部展示されている。

日本にとって最初の海底ケーブルが長崎につながったことは、歴史的に重要な出来事である。しかし、後にこれは日本政府の大きな失策と言われた。大北電信にケーブル敷設を許可する条約を結んだ際、大北電信が長崎と横浜における海底ケーブルの陸揚権を独占することを認めてしまったからだ。長崎を発着信する上海とウラジオストクの通信回線の独占は、実に第二次世界大戦後の１９５４（昭和29）年まで続いた。

図2-2　長崎市内の「国際電信発祥の地」と書かれた記念碑

出所　筆者撮影（2011年9月）

図2-3　長崎–上海間に敷設された海底電線

出所　筆者撮影（2012年10月）

図2-4　国際海底電線小ヶ倉陸揚庫

出所　筆者撮影（2012年12月）

3 石垣島——日露開戦の布石

電信屋跡

沖縄・那覇の居酒屋で夕食をとっていた際、もうホテルに帰ろうかという頃合いでカウンターの隣に座っていた二人組に声を掛けられた。話を聞くとその店の常連客で、いつも同じ席に座っているそうだ。ひとしきり話をした後、他に沖縄のどこに行ったことがあるか聞かれた。筆者は「石垣島に是非行ってみたい」と答えた。すると、男性のひとりは少し表情を曇らせる。よくよく聞いてみると、その男性は宮古島の出身で、宮古島と石垣島のそれぞれの出身者は張り合っているところがあるそうだ。そして「是非、宮古島に来い」という。沖縄をひとくくりに考えていた筆者にとっては驚きだった。

筆者が石垣島に行きたかったのは、そこに海底ケーブルの陸揚庫が残っているからだ。図2－5を見ると、沖縄本島を出た海底ケーブルは石垣島につながり、そこから東の宮古島と西の西表島へ延びるとともに、台湾島の北部・淡水につながっている。

図2-5　石垣島を中心とする海底ケーブル（1942年）

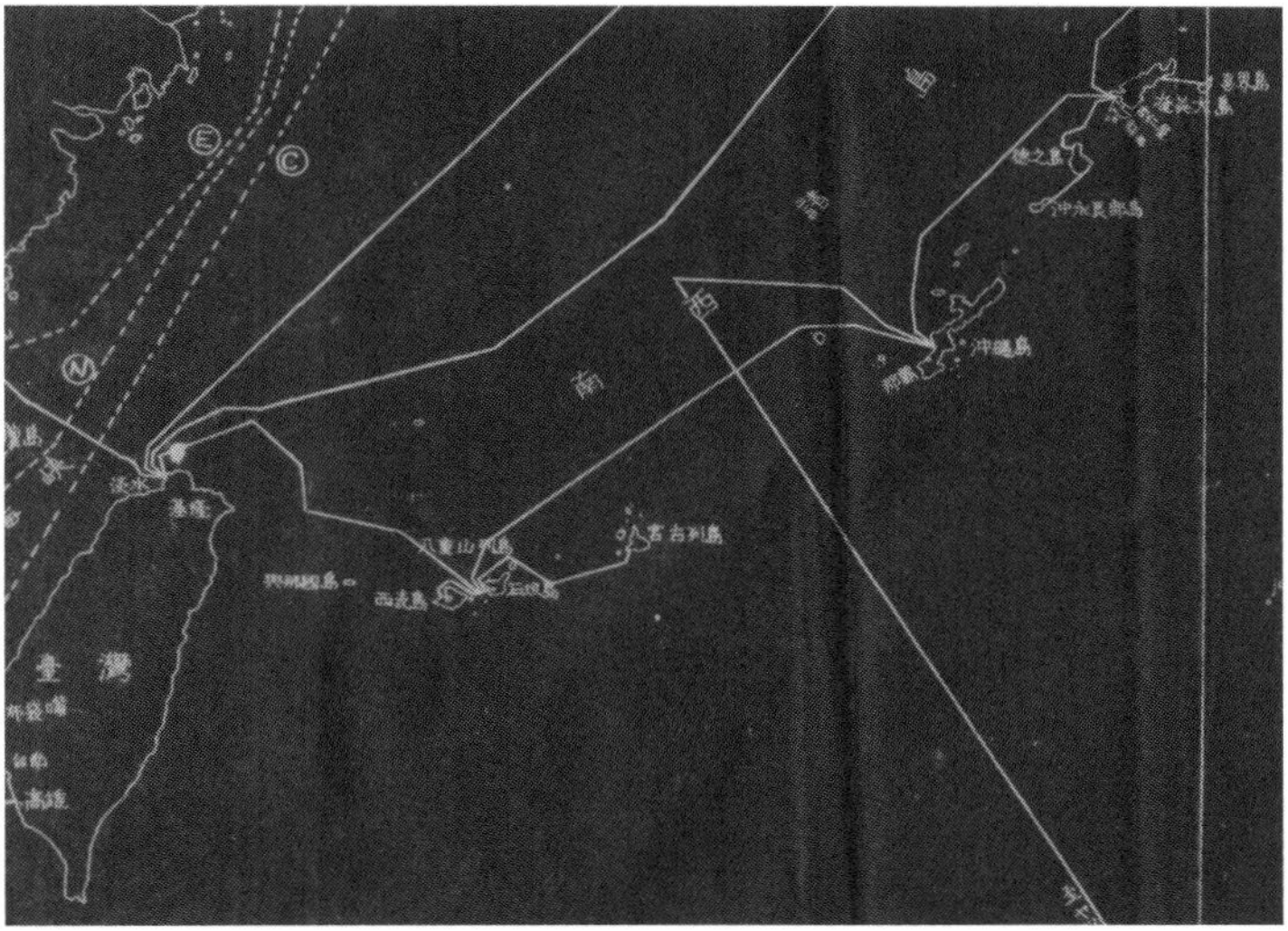

出所　海底線史料館

通常、良い海底ケーブルの陸揚地点があれば、陸揚施設を建て直しながら長い間使い続ける。しかし、石垣島の古い陸揚施設（海底電線陸揚室）は、第二次世界大戦で使われなくなった後、長い間そのままにされてきた。近年、その役割が再確認され、注目されるようになっている。

この陸揚施設は、現在は「電信屋跡」と呼ばれている。島の最西端に近い崎枝南浜の西の端にある。牧場の前から舗装されていない道が500メートルほど浜の方に延びており、その先の木々に囲まれた場所に位置する。2001

年12月につくられた石造りの記念碑「電信屋記念碑」と２０２１年に立てられた日本語、英語、中国語の解説板がある。

日本と台湾をむすぶ

それによると、１８９４（明治27）年に勃発した日清戦争が翌95年に終結し、台湾は日本の領有下に入り、通信回線を敷設する必要が高まった。その背景には、将来の日露戦争を予見した日本の陸軍省が、ロシアによる大北電信会社通信線の妨害を恐れ、長崎から上海を経由したルートではなく、日本と台湾を結ぶ新たな対外通信線の敷設を計画したことがある。陸軍省は台湾の監視と植民地政策の推進を図るための軍事的目的にもとづいて、１８９６（明治29）年に臨時台湾電信建設部を設立し、海底ケーブルの敷設を計画した。[8]

１８９６年にまず鹿児島と沖縄本島の間にケーブルが敷設され、翌97年に沖縄本島から石垣島、そして台湾へとつながる８５４・９キロメートルのケーブルが敷設された。また、同時に石垣市字大川12番地に八重山通信所が開設され、石垣島からすぐ西にある西表島にも支線のケーブルが敷設された。１８９８（明治31）年八重山通信所と八重山郵便局が合併して八重山郵便電信局となり、海底電線陸揚室も陸軍省から旧逓信省へ移管され、軍事通信の傍ら、一般通信にも利用された。[9]

台湾では最北端の街・基隆の八尺門水道辺りに陸揚げされていたようだが、碑文によると、1910（明治43）年6月に北西側の淡水に陸揚げ地が変更された。現在の八尺門水道近くには国立台湾海洋大学があり、さらに南東側には国立海洋科技博物館もあるが、こちら側には海底線陸揚げの跡はとくにないようだ。

第二次世界大戦の沖縄戦の際、石垣島を含む八重山諸島は米英空母艦載機による空襲を受け、電信屋の建物には機銃掃射による無数の弾痕が残っている。八重山郵便電信局も1945（昭和20）年7月の空襲によって全焼し、電信が途絶えたという。[10]

戦後の経緯も興味深い。戦後は無線による電信電話の発達に伴い、電信屋は海底電線陸揚室としての役目を終えたが、登記上は旧逓信省所有のままだった。1972（昭和47）年の沖縄の復帰に伴う特別措置に関する法律にもとづいて日本電信電話公社（現在の

---

8 沖縄県文化財課「県史跡『海底電線陸揚室跡（電信屋）』の指定について」沖縄県文化財課〈https://www.pref.okinawa.lg.jp/_res/projects/default_project/_page_/001/008/430/r030909-h04.pdf〉、公表日時不明（2024年9月15日アクセス）。

9 同。

10 同。

NTT）の所有に代わった。そして、1985年に日本電信電話公社民営化の際に石垣市に無償譲渡され、翌86年に石垣市史跡に指定された。[11]

4 台湾――最初に敷設したのは清朝

淡水から福建省へ

先述の通り、台湾が日本の統治下に置かれたのは1894（明治27）年に勃発した日清戦争の結果である。翌1895年4月の下関条約によって台湾は日本の統治下に入った。同年6月には台湾総督府が設置され、日本の統治が始まった。1897年につながった海底ケーブルは、東京と台北の間の通信の改善につながった。

しかし、台湾に最初につながった海底ケーブルは、それより10年前の1887年にさかのぼる。[12] 台湾島北端にある淡水の街から対岸の中国大陸福建省の川石山につながった。「川石山」という地名は、当時の文献には各所に出てくるが、現在の中国の地図で探しても見つからない。台湾の淡水の対岸ということで考えれば、福建省の小島である「川石島」

ないし「川石村」のことだろう。同島はほとんどが山で、樹木に覆われているが、台湾側には砂浜がある。

1880年代はじめには中国国内で電信線が敷設されはじめていた。そして、台湾では、1886年、初代総督の劉銘伝が、台北に台湾の「総電信局」を設立させた。台湾島の北から南に陸線が貫くとともに、台南の安平から媽宮（現在の澎湖馬公）まで、そして、淡水から川石山までの185キロメートルの海底ケーブルで構成された。下関条約後は、台湾の電気通信は台湾総督府の交通局逓信局が管理した。[13]

第二次世界大戦が日本の降伏で終わって間もなく、中国では国民党と共産党による国共内戦が始まった。日本軍を中国から追い出すことについて両党は一致していたが、日本軍がいなくなった後の統治については合意せず、内戦が行われた。1949年に蔣介石は中

11 同。
12 貴志俊彦「植民地初期の日本―臺灣間における海底電信線の買収・敷設・所有権の移轉」『東洋史研究』第70巻2号、2011年9月、299〜333頁。大野哲弥「大北電信会社の国際通信独占権満了に伴う日本政府の対応」『情報化社会・メディア研究』第13号、2016年、25〜36頁。
13 台灣區電信工程工業同業公會「我國電信事業發展簡史」台灣區電信工程工業同業公會〈https://www.tteia.org.tw/magazine/index.php?download_id=218〉、掲載年不明（2024年9月15日アクセス）。

国大陸から台湾に渡り、それ以後、中国大陸は中華人民共和国、台湾は中華民国によって統治されている。

中華民国が台湾に移ると、1987年まで戒厳令が敷かれた。その下で通信事業は政府の電信局が国営独占事業として提供していた。世界の通信事業は1980年代に米英を中心に自由化、民営化を進めた。1995年11月にはウインドウズ95が発売され、学術関係者だけでなく一般の人たちが容易にインターネットにアクセスできるようになった。1996年2月に米国議会は通信法を可決し、新しい時代に対応した法体系整備を行った。

台湾は1996年、電信三法と称される「電信法」「交通部電信総局組織条例」「中華電信股份有限公司条例」を制定し、7月1日に民間事業体としての中華電信を発足させた。とはいえ、中華電信の最大の株主は政府であり、政府がある程度のコントロールをしている。

台湾につながる海底ケーブルも政府のコントロール下にある。島国である台湾は、通信面で海底ケーブルに依存している。陸揚局は北部に4カ所、中国大陸に面した西岸に3カ所、そして南部に2カ所ある。

台湾にとって最初につながった海底ケーブルは、先述の通り、台湾北部の淡水と中国大陸の福州市を結んだものだった。それは、現在はＴＳＥ－１（Taiwan Strait Express-1）という260キロメートルのケーブルで置き換えられている。このケーブルのサービス開始は2013年1月である。

台湾は本島の他に、中国大陸の沿岸に近いところに金門島と馬祖島を領有している。それぞれ複数の島があり、両諸島はかなり離れている。金門島は廈門市に面しており、馬祖島は福州市に近い。両諸島を結ぶために台湾はＴＰＫＭ２（Taiwan Penghu Kinmen Matsu No.2）とＴＰＫＭ３（Taiwan Penghu Kinmen Matsu No.3）という2セットの海底ケーブルを持っている。それぞれが両諸島と台湾島を結んでいる。いずれも中華電信が保有している。

ＥＡＣ－Ｃ２Ｃケーブル

台湾に陸揚げされている海底ケーブルのなかで最も複雑なものの一つが、ＥＡＣ－Ｃ２Ｃというケーブルだろう。2002年11月に開通したこのケーブルの保有者は、オーストラリア最大手の通信会社テルストラ（Telstra）である。しかし、このケーブルはオーストラリアには接続されていない。もともとこのケーブルは、ＥＡＣというケーブルとＣ２Ｃという別々のケーブルだったが、2007年に二つのケーブルが統合され、パクネット

図2-6　EAC-C2Cのケーブル構成図

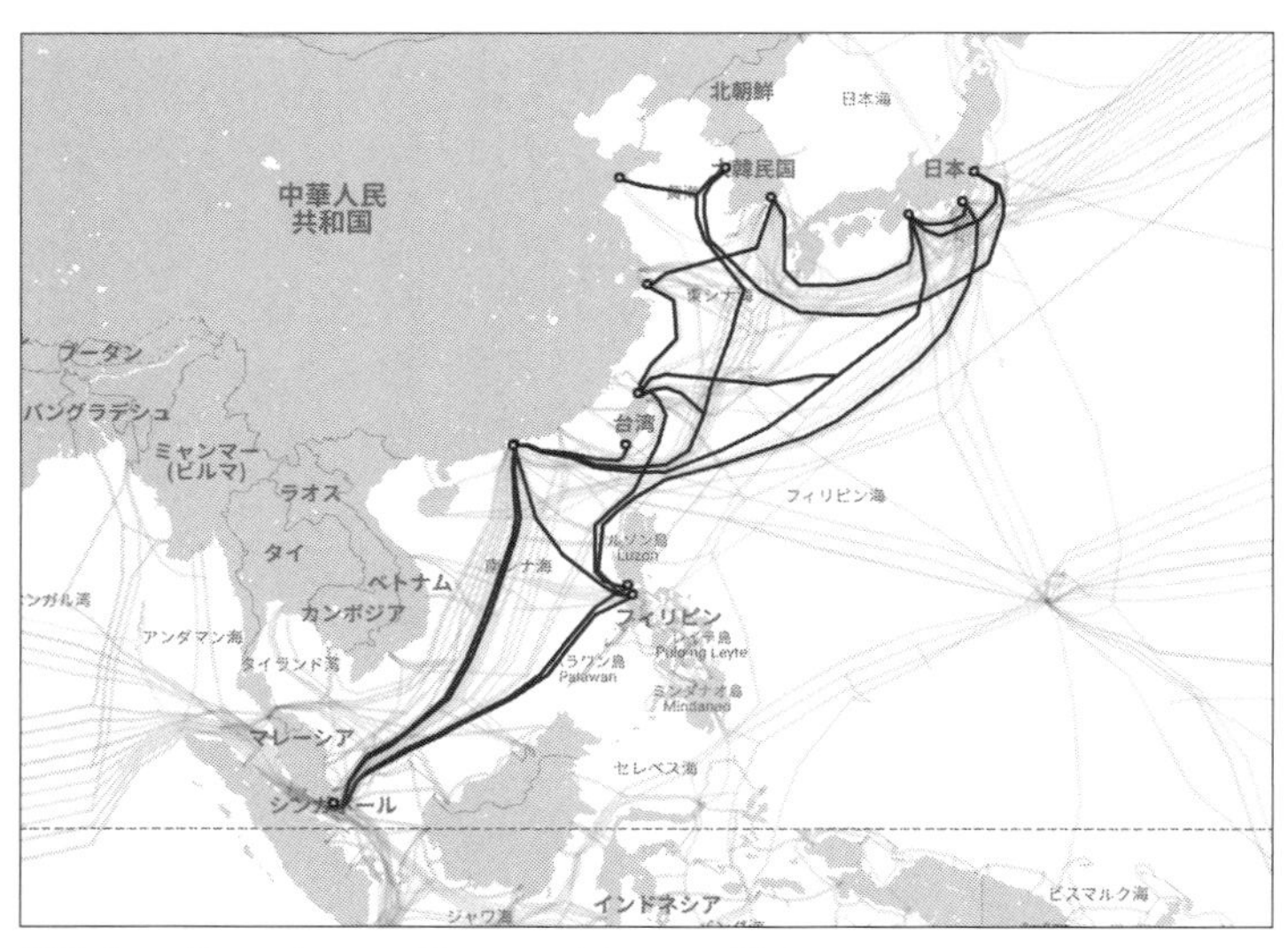

出所　https://www.submarinecablemap.com/submarine-cable/eac-c2c

(Pacnet)という会社が運用することになった。このパクネットが２０１５年にテルストラに買収されたため、オーストラリアにつながらないケーブルをテルストラが保有している。

　このケーブルは中国４カ所、日本３カ所、フィリピン２カ所、シンガポール２カ所、韓国２カ所、台湾３カ所に陸揚げされ、香港－シンガポール間、フィリピン－シンガポール間が二重化されていたり、数多くの箇所で自身のケーブルが交差したりする複雑な構成になっている（図２－６）。

　このＥＡＣ－Ｃ２Ｃもつながる

図2-7　遠傳電信の陸揚局

出所　筆者撮影（2017年8月）

図2-8　遠傳電信の陸揚局の看板

出所　筆者撮影（2017年8月）

のが、台湾で最も重要な陸揚局がある淡水である。現在、淡水には二つの陸揚局がある。一つは中華電信が保有するもので、もう一つは台湾で第3位の通信会社である遠傳電信が保有するものである。両者は車で10分ほどの距離にある。

中華電信の陸揚局は淡水河に面してつくられており、規模は大きくないが、海へのアクセスには便利な立地である。遠傳電信の陸揚局はやや内陸に入っているが、かなり大きな建物で（図2－7）、木の陰の目立たないところに「淡水海纜站」という看板が出ている（図2－8）。海底ケーブルは中国語で「海底電纜」ないし縮めて「海纜」と表記する。「站」は駅の意味で、この場合は局を意味する。大きな建物の割に窓がほとんどないのが特徴である。

5 釜山――例を見ない厳重警備

井上馨の指示

1882（明治15）年12月、外務卿の井上馨は、朝鮮国駐在の弁理公使の竹添進一郎に長崎と朝鮮の釜山との間に海底ケーブルを敷設するよう命じた。[14] 翌1883年(明治16)年5月には、6万3018円の予算をつけたという。[15] 同年、日韓海底線設置条約が調印され、翌84年、海底ケーブルが開通した。[16] 条約そのものは両国の代表によって審議されたが、建設、運用はすべて大北電信に委任された。[17]

14 「弁理公使竹添進一郎へ長崎釜山浦間電線沈設ノ御委任状下付ノ件」JACAR(アジア歴史資料センター)Ref.A01100223500、公文録・明治15年・第19巻・明治15年10~12月・外務省(国立公文書館)。「長崎港ヨリ朝鮮釜山浦へ海底電線架設ニ付該国政府ト締約ノ委任状ヲ竹添公使ニ下付ス」JACAR(アジア歴史資料センター)Ref.A15110251400、公文類聚・第六編・明治15年・第52巻・運輸1・駅逓・郵便電信(国立公文書館)。なお、朝鮮半島への海底ケーブルの敷設については、以下で詳しく論じられている。有山輝雄『情報覇権と帝国日本Ⅲ——東アジア電信網と朝鮮通信支配』吉川弘文館、2016年。

15 「同省長崎朝鮮間海底電信線布設ニ付陸線及其他ノ建設費ヲ下付ス」JACAR(アジア歴史資料センター)Ref.A15110556600、公文類聚・第七編・明治16年・第32巻・財政・経費6(国立公文書館)。

16 「同国釜山港へ海底電信線架設ノ件」JACAR(アジア歴史資料センター)Ref.A01100247700、公文録・明治16年・第16巻・明治16年10~12月・外務省(国立公文書館)。「外務省丁抹国大北電信会社ノ海底電信線九州西北岸ヨリ対馬ヲ経朝鮮国釜山港マテ架設ニ付我公使朝鮮政府ト条約ヲ締結セシ旨稟告」JACAR(アジア歴史資料センター)Ref.A15110663100、公文類聚・第七編・明治16年・第57巻・運輸1・駅逓・郵便電信・電信・雑載(国立公文書館)。

このケーブルは1884（明治17）年2月に開局した釜山電報局（電信局）につながった。これを起点に朝鮮の李王朝政府は、宗主国である清国の命を受け、釜山から京城（現在のソウル）さらに平壌（現在の北朝鮮）、そして清国との国境の町・義州（現在の北朝鮮）まで陸上の電信線をつながせた。また、これとは別に日本政府が釜山と京城の間に電信線を要望し、李王朝政府につくらせたという。[18]

その後、1894年の日清戦争、1904年の日露戦争を経て、東アジアの情勢は大きく変化した。さらに1910年の朝鮮半島の併合は、その後の朝鮮半島の歴史に大きな影響をもたらした。日本にとって、朝鮮半島統治には海底ケーブルが必須だった。

巨大な陸揚局

かつての釜山電報局は、現在の釜山の中心部から北東のロッテワールドアドベンチャー釜山に行く手前の松亭海水浴場沿いにある。今では韓国の通信最大手コリア・テレコムが管理する巨大な陸揚局である。陸揚局は、松亭海水浴場から200メートルほど引っ込んだ場所にあるが、この海水浴場は韓国のサーフィンの聖地として知られている。

巨大な建物は、高い塀にぐるっと囲まれ、その壁の上には鉄の忍び返しが並んでおり、

まるで政府庁舎か監獄のようだ。なかの建物にはコリア・テレコムを意味するｋｔをあしらったロゴが掲げられ、「부산국제센터（釜山国際センター）」という文字も見える。敷地の北西と南西の角には見張り台のような建物もある。

南西の角の外壁には注意を促す看板が立っており、海底ケーブルが埋設されているので工事の際には連絡をせよと書いてある。看板の前の道路はアスファルトが新しくなっている部分があり、必要なときには掘り返すことがあるのだろう。マンホールもいくつかある。また、その辺りに向けられた監視カメラも付いている。これほどものものしい警戒をしている陸揚局は見たことがない。

ずいぶん前のことになるが、韓国で防衛関連の国際会議が開かれ、スピーカーとして招かれたことがあった。その際、海底ケーブルの陸揚局を見つけるのは容易であり、本気になれば海底ケーブルを止めることはできるのではないかと指摘した。そして、韓国の場合は釜山に重要な海底ケーブルの陸揚局があり、それはここだと言ってグーグルで得られる航空写真を見せたことがあった。私は、そのときはまだ釜山に行ったことがなく、公開情

17　鎌田幸藏『雑論　明治の情報通信――明治を支えた電信ネットワーク』近代文芸社、２００８年、21頁。

18　同、32頁。

報だけにもとづいて指摘したにすぎない。ところが、聴衆から、「その情報をどこで手に入れたのか」と詰問調の質問が寄せられた。当時はまだそれほど海底ケーブルの防護について世論は高まっていなかったが、聴衆を驚かせる効果があったのだろう。

現代の韓国政府やコリア・テレコムがいくら釜山の陸揚局の場所を隠そうと思っても無理だろう。歴史的にかなり長い間そこに存在しているし、隠すにしては大きすぎる建物だ。通常の陸揚局と比べてもかなり大きいので、データセンター的な機能も持っているのかもしれない。警戒の度合いから見ても、ここが重要インフラの一部として認識されているのだろう。

6 根室——北方領土とのつながり

ケーブルの先は国後島

北海道の歴史的な海底ケーブルを論じる際、忘れてはならないのは根室である。根室国後(くなしり)間海底電信線陸揚施設を訪問するため、釧路市内から一路東へレンタカーを走らせた。

図2－9　現在の根室国後間海底電信線陸揚施設

出所　筆者撮影（2024年8月）

途中、厚岸町で休憩がてら牡蠣を食した後、2時間ほどさらに進み、温根沼インターチェンジから無料の高速道路・根室道路に入る。根室インターチェンジを降りれば目的地は近い。国道44号線から左折し、西浜町の海岸に近い路へと入る。道路が海へ近づいたところで縦書きの看板が見えた。根室国後間海底電信線陸揚施設である（図2－9）。

鉄筋コンクリートの小さな建物は、かなり風化が進んでいる。第二次世界大戦直後に陸揚施設としての役割を終え、その後は漁具の倉庫として使われるなどしたが、実質的には放置されていたようである。元の窓ガラスや扉は

図2-10　現在の根室国後間海底電信線陸揚施設に残る海底ケーブル

出所　筆者撮影（2024年8月）

なくなり、門柱は立っているものの、門扉はなくなっている。窓や扉は現在は塞がれている。

陸揚施設の北側のすぐ外に海があり、その地面下にある二つの正方形の穴から海底ケーブルが海へと通じていた。2021年10月の発掘時には、二つの穴のうち一つにケーブルが残っているのが確認された[19]。2024年8月の筆者の訪問時にもそのケーブルを見ることができた（図2-10）。

この陸揚施設に残るケーブルがつながっていた先は、国後島の南端のケラムイ崎である。ケラムイ崎は、地図で見ると半島のようだが、実際は巨大な砂嘴（さし）だという。砂嘴とは、海に向かって細長く突き出た砂礫の州である。砂嘴の実例は、北海道本島側の別海町から突き出た野付半島である。泊湾に曲がった腕が突き出ているような形状で、その内側は浅海になっており、名物の北海シマエビが採れる。

地盤がしっかりしていない砂嘴のケラムイ崎全体に人が住めたわけではなく、2007年に千島歯舞諸島居住者連盟が出した『北方四島居住地図（国後島）』によると、1945年8月15日現在の住居は西岸に集中していたようである。同地図によると、ケラムイ崎の南端にはケラムイ灯台があり、近くに1軒だけ住居があった。そして、そのやや北東側に「電信小屋」があったことが記されている。[20] おそらくここに海底ケーブルが陸揚げされていたのだろう。1936年発行の『北海道本島沿岸水路誌』にも「國後島『ケラムイ』埼東側ニ至ル」水底電線（海底ケーブル）と記されている。[21]

2024年現在、ここに何かが残っているのかは定かではない。なお、2012年に北

19 根室市「2021（令和3）年10月9日 根室国後間海底電信線陸揚施設 発掘調査」根室市〈https://www.city.nemuro.hokkaido.jp/lifeinfo/kakuka/soumubu/soumu/kouhoukoutyou/machino_wadai/matinowadai/10003.html〉、2022年1月6日（2024年9月2日アクセス）。
20 『北方四島居住地図（国後島）』千島歯舞諸島居住者連盟、2007年、8頁。
21 水路部『北海道本島沿岸水路誌』水路部、1936年、91頁。

方領土を訪問した北海道の職員によれば、ケラムイ崎の灯台は残っていたという。[22]

もう一つのケーブル

国後島につながっていた海底ケーブルは、これが最初ではない。最初の海底ケーブルは、現在の標津町（しべつちょう）にあたる標津村三本木から国後島のノツエト崎に１８９７（明治30）年に敷設された。ノツエト崎はケラムイ崎の西側にある小さな砂嘴である。

19世紀末にこの地に海底ケーブルが引かれたのは、「英米の密漁船対策やロシアの東漸政策への対策として千島の警備強化が必要となり、通信連絡手段の確保のため、北海道本島から択捉島蘂取村までの電信線架設事業が」実施されたからという。[23] 今となっては考えにくいが、英国や米国の漁船が北海道まで来て密漁を行っていたようだ。

ノツエト崎から国後島を陸線で縦断して北端のアトイヤ岬からまた海底ケーブルで択捉（えとろふ）島の丹根萌（たんねもい）につなぎ、択捉島内の陸線は北端の蘂取（しべとろ）村までつながっていた。ところが、この二つの海底ケーブルは、流氷によって相次いで不通になったという。浅い海の底まで流氷が届き、ケーブルを損傷したのか、あるいは、陸揚げ場所で損傷したのか。そこで、１９００（明治33）年に根室村のハッタラの浜から国後島のケラムイ崎、そして国後島の

図2-11　復元された標津―国後島海底電信基地

出所　筆者撮影（2024年8月）

白糠泊（しらぬかとまり）から択捉島の丹根萌までつなぎ直した。根室村のハッタラが現在の根室市西浜町であり、そこに陸揚施設が残っている。

　なお、標津村三本木にあった陸揚施設も近年まで残っていたようだが、現存していない。[24] 1983年に近くのポー川史跡自然公園開拓の村の中に復元されている（図2－11）。

　根室と国後島をつないでいた海底ケーブルは、1945年8月15日に日本が降伏した後もつながっていた。しかし、日本の降伏後にもかかわらずソ連が樺太や北方領土に侵攻してきた。海底ケーブルが悪用される恐れがあるとして切断された。ケーブルは引き上げ

図2-12　北海道立北方四島交流センターで展示されている海底ケーブル

出所　筆者撮影（2024年8月）

られることなく、そのまま海底に長らく放置されていた。

しかし、1999年1月18日、ホタテ漁の漁船がケーブルを1500メートルにわたって引き上げたという。それが短く切断され、2024年8月現在、少なくとも4カ所で展示されている。陸揚施設から一番近いのは、車で5分ほどのところにある北海道立北方四島交流センターである。このセンターは、日ロの交流を主眼としたセンターで、ロシアの文化を紹介する展示が多い。2024年8月の訪問時は1階奥で、砂を敷き詰めた箱の中に置かれていた。脇にはホタテの貝殻も添えてある（図2－12）。ケーブルの中心の銅線には電極と電話機がつけられ、両端で通話ができるように細工してある。長年海底にあったケーブルがその機能を失っていなかったことが分かる。

次に陸揚施設から近いのは、車で10分ほどの根室市歴史と自然の資料館である。ここには学芸員が常駐しており、北海道に生息する動物の剝製や樺太日露国境第二天測境界標が展示されている。島国の日本の国境は海の上にあり、標識はない。しかし、樺太の南半分が日本領だった頃には、陸上国境が樺太にあった。四つあった天測境界標のうち、二つ目をロシア人の所有者からこの資料館が譲り受けたという。

ここで展示されているケーブルは、3分の2ほどがテープで巻かれている。そしてその脇にコンクリートでできた用地境界杭が並べられている。敷地内のどこかに立っていたも

---

22 machiraku_hokkaido「平成24年度第3回北方四島自由訪問に同行してきました。」『超!! 旬ほっかいどう』〈https://plaza.rakuten.co.jp/machi01hokkaido/diary/201207130003/〉、2012年7月13日（2024年9月1日アクセス）。

23 根室市「根室国後間海底電信線陸揚施設」根室市〈https://www.city.nemuro.hokkaido.jp/lifeinfo/kakuka/hoppouryoudotaisakubu/hoppouryoudotaisakuka/2/8384.html〉、2023年1月22日（2024年9月1日アクセス）。

24 根室振興局「標津—国後島海底電信基地（標津町）」根室振興局〈https://www.nemuro.pref.hokkaido.lg.jp/fs/6/8/2/3/7/9/5/_/kenchiku_02.pdf〉、掲載日不明（2024年9月1日アクセス）。

のだろう。「逓信省用地」と彫られている。

この資料館で注目すべきなのは、その『根室市歴史と自然の資料館紀要』に猪熊樹人学芸員が「根室国後間海底電信線陸揚施設の建築年代」を載せていることだ。

現存している陸揚施設は、1900年のケーブル敷設時のものではないだろうというのが定説だった。おそらく最初の陸揚施設は木造で、現存のものは後から建て直されているが、その建設年代についてははっきりしていなかった。猪熊学芸員は各種資料にあたり、北海道大学附属図書館に残っている『工務時報』にたどり着いた。そこでの記述をたどると、根室の現存する陸揚施設は1929（昭和4）年建築であることが分かった[25]。建築年代が特定できたことは、大きな学術的成果である。

納沙布岬にも

ケーブルが展示されている他の2カ所は、根室半島の最東端、つまり、現在、普通の日本人が行ける最東端の地、納沙布岬（のさっぷ）である。岬には灯台が立っている。その手前にあるのが、根室市北方領土資料館である。この資料館の受付では、無料で最東端に到達した証明書をもらうことができた。ケーブルは2階展示室に入ってすぐのところにあった。アクリルのケースがかぶせてあり、両端にやはり電話機がつないである。この展示によると、第二次世界大戦後、旧ソ連と日本の双方が切断したとされているという。

ケーブルはそのすぐそばの望郷の家と北方館にもあった。二つの建物は隣り合って建っており、二階部分でつながっている。その二階に大きな水槽展示（しかし、水は入っていない）があり、海の中を模した展示がされている。模型の魚や蟹とともに海底ケーブルが置かれ、解説パネルがついている。展示によれば、ケーブルの長さは約38・2キロメートルだったという。

根室の陸揚施設が重要なのは、それが2021年10月14日に登録有形文化財（建造物）に登録されたように、「北方領土とのつながりを現在に示す建造物として、北方領土問題の普及啓発上の役割も期待されている」からである。おそらく北方領土側には、日本人が住んでいた時代の名残はまだ残っているだろう。しかし、北海道本島側にはそうした建造物は、これを除いて残っていないようだ。

長らく忘れられ、放置されていた施設は、その重要性を再認識され、保存運動が始まっ

25　猪熊樹人「根室国後間海底電信線陸揚施設の建築年代」『根室市歴史と自然の資料館紀要』第35号、2023年3月、1～10頁。

ている。1929年に建造されたことがはっきりした今、その100周年に当たる2029年には何らかのイベントが期待できるだろう。陸揚施設の現在の保存状態はあまり良くない。北海道の冬の厳しい気候を考えれば、早急に対応が必要だろう。

7 稚内——道なき道の先に

朽ちる施設

羽田空港から稚内空港まで1時間10分のフライトはあっという間だった。空港でレンタカーを借りて目的地を目指した。大雨の後、まだ小雨が残っていた。最初の目的地は、坂(さか)の下(した)陸揚庫である。1937年の資料には、「樺太西岸眞岡港南方手井川河口附近ヨリ北海道本島野寒岬南方坂ノ下灣ニ至ル1條ノ水底電線ハ途中一旦海馬島鷗河西方ニ上陸シタル後再ビ海中ニ入ル、海馬島陸揚地ヨリ沖合5浬迄ハ各線條ノ左右各55米以内ヲ線路區域ト定メラル」[26]とある。

坂の下陸揚庫から直線距離で約94キロメートル、樺太の西側に海馬島という島があり、この島でいったん陸揚げした後、樺太の西岸にあった真岡(まおか)町(現在のサハリン州ホルムスク)とつながる海底ケーブルがあった。

その陸揚庫は、今は坂の下海水浴場の近くにあり、すぐそばまで太陽光発電のパネルが迫ってきている。しかし、陸揚庫自体は、その存在が忘れられたかのように草地の中にたたずんでいる。建物の周囲は砂地なのだが、そこには灌木と草が生い茂っていて簡単には歩くことができない。地面にも草にも雨水が残っていて、靴とズボンがあっという間にずぶ濡れになった。そして、建物自体は、地面の砂地よりもやや下がったところにある。おそらくは、建物を低いところにつくったのではなく、年月が経つうちに周りの砂が高くなってきたのだろう。

建物のドアや窓はすべて壊れ、後に封鎖された跡もあるが、ほとんどが壊れている。中も吹きさらしでかなり傷んでいるように見える。足場が悪く、建物の中にまで入って確認することはできなかったが、これから保存のための作業をしなければ、いずれ朽ちていくだろう。

海岸から建物の間には、通路のような窪地が続いているが、ここも草に覆われていて容

26 水路部『樺太南部沿岸千島列島水路誌——千島列島・樺太南部』水路部、1937年、180頁。

図2-13　坂の下陸揚庫

出所　筆者撮影（2023年6月）

易には歩くことができない。しかし、おそらくはこの窪地の下にケーブルが埋設されていたのだろう。今でも掘ればケーブルが出てくるかもしれない。放置されていたとはいえ、こうして建物が残っているのは奇跡といってもよい。漁業で栄えていた真岡とかつてはたくさんの通信が行われたのだろう。

オネトマナイ陸揚庫への難路

続いて車で向かったのは、抜海村（ばっかい）の海岸である。行政区分上は稚内市の一部で、面積はかなり大きいが、抜海村の人口は300人程度のようである。稚内から南へ下る道は、北海道の西岸を走る日本海オロロンラインの一部であるとともに（オロロンとはオロローンと鳴く鳥に由来するという）、宗谷サンセットラインとも呼ばれる。店舗などはなく、雄大な自然の中をひたすら道が走っている。東側には切り立った山があり、西側の海との間は狭い。ハワイのオアフ島西側の景色を思い起こさせる。

目的地はグーグルマップでオネトマナイ川左岸チャシ跡とマークがついている場所に近い。オネトマナイはアイヌ語に由来する地名のようだ。チャシとはこれもアイヌ語で、高いところにある建物を意味するようだ。しかし、このチャシ跡の近くにはとくに看板なども見当たらない。オネトマナイ川を渡る橋があるが、そこから眺めてもチャシ跡と思えるものは見当たらない。グーグルマップで衛星写真を見てもチャシ跡に行く道は見えない。川沿いを行くのも一手だが、目的地はチャシ跡ではない。

携帯電話の電波が非常に弱く、４G回線のアンテナのマークが1本立つか立たないかという状況で、自分の位置を確認するのもやや困難である。さらに少し南に下がると道路が海岸に近づいてくる。ゆっくり道を進むと、車を停められるほどアスファルトが広い部分があった。航空写真を見ると、けもの道のように海岸へ道が続いているようにも見える。現場に行くと、確かに人が歩いたような形跡はあるが、しかし、背の高い草に覆われている。小雨が降っていて、ここに踏み入れば膝から下はビショビショになることは確実だ。

しかし、ここで引き返してはここまで来た意味がない。海岸まで出られれば、砂浜を歩いて目的地には容易にたどり着けるだろう。意を決し、草地に足を踏み入れた。

濡れるのを厭(いと)わず前へ進むと、だんだん道らしき痕跡は薄れ、どちらに行ってよいか分からなくなったが、しかし、海岸へ向かってひとまず進む。ところが、海岸が見えてきて驚いた。上空写真からはまったく分からなかったが、けっこうな高さの崖になっている。それも岩の崖ではなく、砂の崖である。おそらく降りることはできるだろう。しかし、この砂の崖を登ることはできないかもしれない。携帯電話もほとんどつながらないここで孤立してしまったらまずいことになる。引き返そうかと思ったが、目的地もまたおそらく海岸に降りたところではなく、崖の上にあるように見える。この崖の上の尾根を北に上がっていけば目的地に着けるだろう。

さらに意を決し、道なき道を進む。よく見るととげがたくさん出た草があちこちに生えている。長ズボンでなければ血だらけになっただろう。既に歩く度にスニーカーからは水が出てくる状態だ。転んで怪我でもすれば、数日取り残されるかもしれない。道路脇に停めたレンタカーを不審に思った人が探しにきてくれるまで待つしかない。飲み水もないなかでどうするか、と大げさに心配しながら慎重に歩いていく。時々携帯電話で位置を確認するが、今ひとつ自分の位置がはっきりしない。何度か引き返そうと思うが、せっかくこ

図2-14　オネトマナイ陸揚庫

出所　筆者撮影（2023年6月）

こまで来たのだからと思って前に進む。

　すると、一段高くなった丘の陰に目的の建物はあった。実物の写真は、実はYouTubeに載っているシンポジウムのビデオで見ていたので、[27]想像はしていた。しかし、想像よりも大きな印象を受ける。そして、想像通り、ひどく傷んでいた。周囲を歩いてみると、南側と東側の壁は残っているが、北側の壁が半分なくなり、海に面した西側の壁はなくなっている。残った部分には小部屋が二つ残っているが、何に使われたのかは分からない。畳半畳ほどの部屋と1畳ほどの部屋である。残った壁も中の鉄筋が露出している。シンポジウムの解説では、海に近いので津波でやられたのではないかという話もあった。ただ、海岸との間には崖があり、それなりの高さがある。長年の風雨で崩れたのではという印象を受ける。

利尻島へ走る3本のケーブル

このオネトマナイ陸揚庫は、国際海底ケーブルではなく、直線距離で20キロメートルほど沖合にある利尻島の石崎村（現在の利尻富士町）とつながっていた。短い区間だが、ここには3本のケーブルが走っていたという。1899（明治32）年8月と1901（明治34）年7月に電信のケーブルが敷設され、30（昭和5）年6月に電話用のケーブルが敷設された。石崎には石崎海底電線陸揚庫が残っている。利尻島内は、東岸から北岸へ陸線を通り、そこからさらに海底ケーブルで北西の礼文島までつながっていた。

1889（明治22）年に創刊された『地学雑誌』の第17巻10号（1905年）の雑報の欄に「北海道樺太間海底電線開通」という短い紹介記事が載っている。全文を引用しよう。

北海道北見國宗谷郡稚内町より樺太南部ノトロ岬を經てコルサコフに至りコルサコフ

より再びノトロ岬に至りマ子ロン、チライケヲツソを經て北部アレキサンドロフに全通せり且つ公衆郵便電信も九月一日より開始せり（九月三日）[28]

ここでノトロ岬とは樺太最南端の西能登呂岬（にしのとろ）だろう。コルサコフの日本名は大泊で、亜庭湾の奥にあった。「マ子ロン」は現代の感覚ではおかしな書き方だが、礼文島のすぐ北にある海馬島のことである。アレキサンドロフは現代のサハリン西海岸にあるアレクサンドロフスク・サハリンスキーであろう。「チライケヲツソ」という地名は判然としないが、かつて名寄村（なよりむら）と呼ばれ、今はペンゼンスコエと呼ばれる地域に智来岬と呼ばれるところがあった。その辺りのことかもしれない。

猿払電話中継所跡

稚内の海底ケーブルが全国的に知られているのは、日本海側ではなく、太平洋側にある

27 「にっぽん『四極』陸揚庫会議@根室」根室市公式チャンネル〈https://www.youtube.com/watch?v=c69wKg3E9bU〉、2022年12月23日（2024年9月6日アクセス）。

28 「北海道樺太間海底電線開通」『地学雑誌』第17巻10号、1905年、750頁。

猿払村の陸揚げ地のためである。第二次世界大戦開戦3年前の１９３６年に刊行された『北海道本島沿岸水路誌』には、「猿佛村附近ノ海岸ヨリ亜庭湾を縦断北上シテ樺太女麗ニ至ルモノ及同海岸より西能登呂岬北方石濱ニ至ルモノ各1條アリ」[29]とある。ここでいう亜庭湾とは、樺太南部でコンパス状に下に開いた湾である。女麗は、樺太南部の深海村にあった地名で、ここに１９３４年12月、海底ケーブルが敷設された。西能登呂岬は亜庭湾のコンパス状に突き出た二つの岬のうち、西側のものである。石濱はその岬からほんの少し亜庭湾の内側に入ったところにある地名であった。

稚内で一泊した翌日、筆者はレンタカーを前日とは反対に向け、稚内の太平洋側を目指した。猿払電話中継所跡は、浜猿払漁港の脇の海岸沿いにあった。もっと観光名所化しているのかと思ったが、静かな浜辺だった。

ここにはいくつかの碑が立っている。一番左の黒い石版には「皆さん　これが最後です　さようなら　さようなら」という言葉が大きく刻まれている。この猿払からつながっていた樺太では、１９４５年8月15日の終戦から5日後、ソ連海軍が真岡に上陸しようとし、日本軍との間で戦いが始まった。真岡側の電話交換局にいた9人の女性たちは、真岡と女麗の間にはそれなりの距離があったが、身の危険が迫るのを察知し、電話で「皆さん　これが最後です　さようなら　さようなら」との言葉を猿払の交換手に伝え、命を絶ったという。

猿払ではマンホールが保存され、その下には実際に使われた海底ケーブルが残っているという。そして、そのケーブルの先端5本を地上のアクリル筒のなかに見ることができる（図2−15）。1934年9月から45年6月の間に敷設された5本のうち、2本は電話用、3本は電信用だった。猿払電話中継所は1934年11月1日に設置され、戦後の64年9月30日に廃所されたという。[30]

海底のケーブルはどうなったのだろうか。実は、まだ多くが海底に残されている。それが近年、ホタテ漁に引っかかって上がることが増えたという。それは2000年頃にホタテを採りやすいように爪の角度が異なる漁具に変更してかららしい。重い鉄や銅でできたケーブルは、引き上げの際に船のバランスを崩したり、作業員や船体を傷つけたりする恐れもある。もともとは逓信省のケーブルのため、逓信省の流れを汲むNTTの関連企業が引き上げ回収に協力しているが、取り切れていない。[31] このケーブルの扱いは根室と異なる。

---

29 水路部『北海道本島沿岸水路誌』水路部、1936年、111頁。
30 猿払電話中継所の石碑による。
31 「戦後70年 北方の大動脈、ごみか遺産か 樺太−北海道結ぶ海底ケーブル」『日本経済新聞』2015年9月14日付夕刊（電子版、2024年9月9日アクセス）。

図2-15　猿払電話中継所跡

出所　筆者撮影（2023年6月）

猿払村から北上すると、現在、日本で一般人が到達できる最北の場所、宗谷岬がある。その宗谷岬の近くにも海底ケーブルの陸揚げ地があったらしい。『北海道本島沿岸水路誌』によると、「時前埼ノ西北西方1浬餘ノ海岸ヨリ北上シテ樺太島西能登呂岬東側ニ至ル水底電線2條アリ、目梨泊陸揚地ヨリ沖合5浬迄ハ各線條ノ左右各78米以内、之ヨリ沖合ハ左右各545米以内ヲ以テ線路區域ト指定セラル」[32]とある。ここで時前埼とは、宗谷岬からわずかに東に回ったところにあった[33]。そこから西北西に1浬（1852メートル）余りの海岸となると、現在の宗谷港あたりだろう。そこから海を北上して先ほどと同じく樺太の西能登呂岬にケーブルが2本出ていた。

樺太との往来があった時代には、稚内は現在よりも活気があっただろう。しかし、第二次世界大戦後、樺太がサハリンとしてソ連領、そしてロシア領になってからは、交通の拠点としての位置づけは失われ、日本最北端の地としての観光地である。宗谷岬から見える樺太はなかなか行けない地になってしまった。

現在のサハリンのネベリスク（日本統治時代の本斗町）からは、稚内ではなく、石狩との間に２００８年に敷設されたＨＳＣＳ（Hokkaido-Sakhalin Cable System）という５７０キロメートルの海底ケーブルが通っている。石狩から先は、日本列島を沖縄までつなげるＪＩＨ（Japan Information Highway）ケーブルに接続されている。

32　水路部『北海道本島沿岸水路誌』水路部、１９３６年、１１３頁。

33　道総研「道総研中央水産試験場事業報告書　令和３年度」道総研〈https://www.hro.or.jp/list/fisheries/research/central/kouhou/att/R3jigyouhoukoku.pdf〉、２０２１年、67頁。

8　利尻――遅れた敷設

抜海村から直線距離で10キロメートル西にあるのが利尻島である。利尻富士とも呼ばれる利尻山が美しい島だ。この島の東岸に石崎灯台が立っている。その近くの海岸に朽ちかかった石崎海底電線陸揚庫がある。筆者が訪れた2023年8月には背の高い草で覆われていた。しかし、草を踏み分けて建物に近づいた跡があったので、それをたどってみた。そこには扉や窓が外れた建物が建っていた。

対岸の抜海の陸揚庫はほとんど原型を留めていないように見えたが、こちらはまだ大枠は残っている。ケーブルを引き上げた穴にはまだケーブルが2本残っていた。トイレの跡も残っていた。当時の海底ケーブルの技術だと十分に自動化されておらず、人手を介して行う部分が大きかった。人が常駐していたのかもしれない。抜海村の陸揚庫と比べて、利尻島の周回道路にアクセスしやすく、環境としては良かったかもしれない。

黄色い壁が印象的な利尻町立博物館に入ると、書籍化されている資料が多く置いてあった。受付で石崎灯台近くの陸揚庫のことを聞いてみると「利尻富士町のですね」と言われ、ハッと気づいた。利尻島には利尻町と利尻富士町の二つの自治体があるのだ。陸揚庫は利尻富士町側にあるが、利尻町立博物館はその名の通り、利尻町の博物館だ。しかし、棚に収蔵されている『利尻富士町史』を見せてくださった。

それによると、北海道に電信が届いたのは1874（明治7）年に津軽海峡に海底ケーブルが引かれたことが始まりだった。しかし、離島である利尻島とその北側にある礼文島には、なかなか海底ケーブルが届かなかった。両島に海底ケーブルが敷設されたのは1903（明治36）年であり、日露戦争の直前である。電信だけでなく電話も使えるようになったのは、1912（明治45）年であった。[34]

34　利尻富士町史編纂委員会『利尻富士町史』ぎょうせい、1998年、1027～1029頁。

9 戦争と海底ケーブル

日露戦争時の各国の海底ケーブル保有

表2－1は、日露戦争開戦時（1904年）の各国の海底ケーブル保有状況を示したものである。

これを見ると、英国が突出して保有している状況が分かる。そして、その9割が民間企業によって保有されている。米国は英国の3分の1以下だが、すべてが民間企業によって保有されている。第3位はフランスで、4割強が国有線だが、合計では英米に劣る。日本周辺で大きな影響を振るったデンマークだが、そのほとんどは大北電信によって保有されている。日本はドイツに次ぐ第6位だが、すべてが国有線であり、日本より下の国々のほとんどは民間ではなく国有線である。

表2-1　1904年の世界の海底ケーブル保有状況

国名	国有線	私設線	合計
英国	24,095	224,052 Eastern Telegraph Company 73,223 Eastern Extension Austrasia and China Telegraph Company 44,443 Western Telegraph Company 32,018	248,147
米国	0	71,611	71,611
フランス	16,252	22,413	38,665
デンマーク	535	14,744 すべてGreat Northern Telegraph Company	15,279
ドイツ	5,130	9,731	14,861
日本	3,865	0	3,865
スペイン	3,290	0	3,290
オランダ	2,603	0	2,603
イタリア	1,967	0	1,967
ブラジル	74	1,350	1,424
スウェーデン	1,399	0	1,399
グリーンランド	884	0	884
ロシア	807	0	807
トルコ	677	0	677
オーストリア	414	0	414
アルゼンチン	111	111	222
ポルトガル	217	0	217
ベルギー	105	0	105
タイ	24	0	24
スイス	19	0	19
ルーマニア	7	0	7
ブルガリヤ	1	0	1

出所　TI生「雑録　千九百四年に於ける世界の海底電線」『地学雑誌』第16巻2号、1904年、132〜135頁

第一次世界大戦勝利の伏線

表２－１の10年後、１９１４年８月４日、第一次世界大戦が勃発するなか、英国はドイツに対して午後7時に宣戦布告し、午後11時にそれは発効した。密かに命令を受けた英国の海底ケーブル船アラート号は、夜の英仏海峡に乗り出した。作家のバーバラ・Ｗ・タックマン（Barbara W. Tuchman）はそのときの様子を次のように記している。

重い鉄カギが水中に放り込まれ、海底にそって引きずられて引上げられると、カギといっしょに泥をぼとぼと落としながらウナギのような獲物がガラガラという船腹にあたる金属音をたてて、上ってきた。作業は数回繰返され、そのたびごとにウナギの形をしたものが切断され、海中に捨てられた[35]。

フランス、スペイン、そしてアゾレス諸島へとつながるドイツの海底ケーブル５本を朝までに切断した[36]。

当時、日本と英国は同盟関係にあった。８月14日、英国の海底ケーブル敷設船パトロール号は、上海につながるドイツの海底ケーブルを見つけて切断した。その後すぐに、芝罘（現在の山東省煙台市）につながるドイツの海底ケーブルも切断した。[37] ドイツの情報網を切断することで、11月の日英連合軍による、ドイツの東アジアの拠点・青島の陥落を容易にした。

第一次世界大戦における英国の勝利の伏線となったのが、このケーブル切断であった。ドイツが持っていた海底ケーブルの多くが失われた結果、ドイツは中立国スウェーデンとつながる海底ケーブルに依存することになる。しかし、このケーブルもまた英国の傍受にさらされていた。

35　バーバラ・W・タックマン（町野武訳）『決定的瞬間——暗号が世界を変えた』ちくま学芸文庫、2008年、22頁。

36　バーバラ・W・タックマンの著作によって、この作戦は英国のケーブル船テルコニア号によって行われたと信じられてきたが、ジョナサン・リード・ウィンクラー（Jonathan Reed Winkler）はアラート号によるものだとしている。Barbara W. Tuchman, *The Zimmermann Telegram*, New York: Macmillan, 1966, pp. 10-11. Jonathan Reed Winkler, *Nexus: Strategic Communications and American Security in World War I*, Cambridge, Massachusetts: Harvard University Press, 2008, pp. 4-5.

37　Charles B. Burdick, *The Japanese Siege of Tsingtau: World War I in Asia*, Hamden, Conn.: Archon Books, 1976, p. 51.

英国は、米国の参戦を求めていたが、米国議会は渋っていた。ドイツは米国がヨーロッパで参戦しないようにするため、米国の南にあるメキシコをけしかけ、米国とメキシコの間で戦争を起こさせようとした。これを傍受した英国は、密かにこのニュースをリークすることによって新聞に書かせ、ドイツの陰謀に怒った米国が参戦することになり、英米の連合はドイツに勝利することになった。第I章でも触れたツィンメルマン事件である。

長崎日日新聞の紙面をたどる

先述のように、日本で最初に電信の海底ケーブルがつながったのは長崎であった。長崎は江戸時代に出島があり、外国との貿易が許された数少ない土地だった。中国との距離が比較的短いということからも、海底ケーブルの陸揚げ地点として選ばれた。

１９１１年から41年まで長崎で発行されていた『長崎日日新聞』の紙面をたどると、当時、電信が国際情勢の把握に不可欠の役割を果たしていたことが分かる。

例えば、１９１４年8月15日の同紙の紙面を見ると、「天下大（おおい）に亂（みだ）れん」と大きな見出しが躍り、本文中には「英國は十二日夜半　墺匈（オーストリア・ハンガリー）國に対し宣戦を布告せり」「羅馬（ローマ）来電によれば」「アムステルダム電報によれば」「路透（ロイター）電報」「浦鹽（ウラジオストク）電報」といった文字が多く見られ、各地から入ってくる電信によって当時の日本人は情勢を把握しようとしていたことが分かる。翌日の紙面には、「今次の大戦亂勃發以来特に内外電報電話の種類及び数量を増し各要地には社員を特派し所謂報道の敏速と精確とに於て遺憾なからんとを期し」とする大きな囲み記事が現れ、新聞社としての情報収集を強化する姿勢が示されている。

ところが、この頃、長崎と台湾の淡水をつなぐ海底ケーブルが不通になっていたようだ。8月18日付の紙面には「長淡電線の復舊（ふっきゅう）」との小さな見出しがあり、この線がケーブル敷設船小笠原丸によって復旧されたことが分かる。8月21日付の紙面には、長淡電線を復旧した小笠原丸はグアム線修理のために横浜方面に向かったとある。そして、別のケーブル敷設船沖縄丸は「予定を変更し目下ある任務に従事中なりとの噂高し」と書かれている。おそらく沖縄丸は軍事用のケーブル敷設に入ったのであろう。

図2-16　1914年8月21日付の『長崎日日新聞』の記事

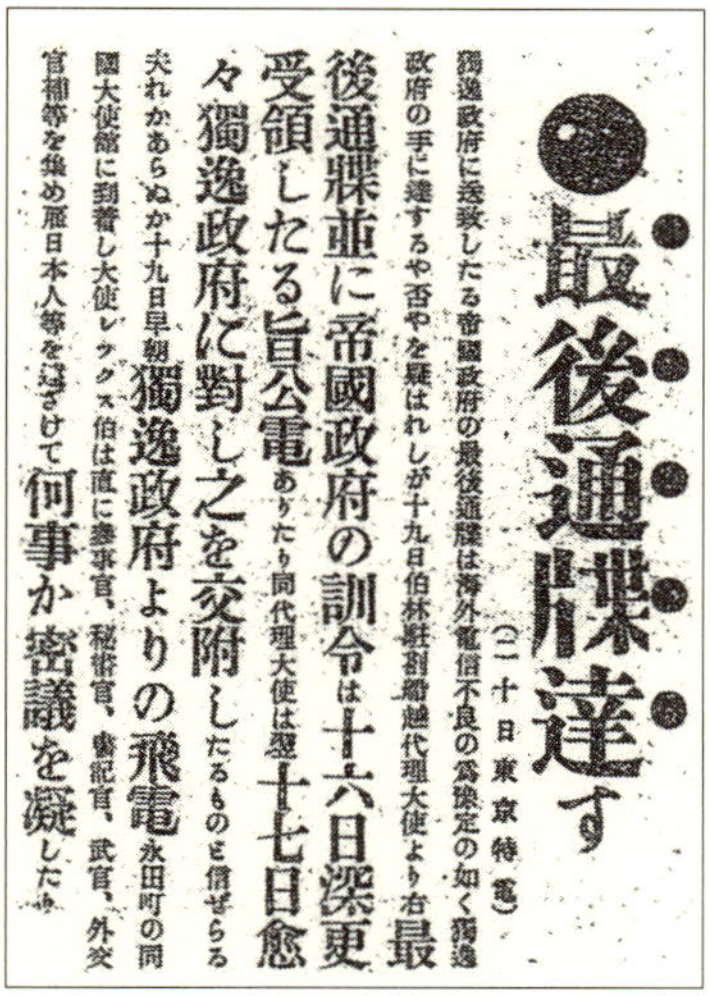

●最後通牒達す　（二十日東京特電）

獨逸政府に送致したる帝國政府の最後通牒は海外電信不良の爲豫定の如く獨逸政府の手に達するや否やを疑はれしが十九日伯林駐剳舩越代理大使より右最後通牒並に帝國政府の訓令は十六日深更受領したる旨公電ありたり同代理大使は翌十七日愈々獨逸政府に對し之を交附したるものと信ぜらる夫れかあらぬか十九日早朝獨逸政府よりの飛電永田町の同國大使館に到着し大使レックス伯は直に參事官、秘書官、書記官、武官、外交官補等を集め雇日本人等を遠ざけて何事か密議を凝したり

出所　『長崎日日新聞』1914年8月21日付、1面

東京から小笠原諸島を経てグア

ムへとつながる海底ケーブルは8月17日から不通になっていた。そのため、東京に電信のメッセージは直接入らず、すべて長崎経由になっていたという。第一次世界大戦の勃発によって通信経路が乱れていたことが分かる。

そして8月21日付の紙面には、「最後通牒達す」と大きな見出しが出た。「獨逸(ドイツ)政府に送致したる帝國政府の最後通牒は海外電信不良の為予定の如く獨逸政府の手に達するや否やを疑はれしが」どうやらドイツ政府に最後通牒が届いたことが確認されたという（図2－16）。

21世紀のリスク管理

海底ケーブルは、100年前に既に政治、経済、そして軍事にとって重要な役割を果たすインフラストラクチャになっていた。しかし、第二次世界大戦の時代には、無線電信が重要な役割を果たすようになった。その間、海底ケーブルは各所で切断・破壊され、インフラストラクチャとして大きな損害を受けた。日本や台湾のような海洋国家が今後もし戦争に巻き込まれることがあれば、海底ケーブルは初期段階で破壊される可能性が高い。

第二次世界大戦時と比べれば、現代のインターネットをはじめとするデジタル通信ははるかに光ファイバーを使った海底ケーブルに依存している。100年前と比べれば海底ケーブルの数が多いことはその通りである。日本につながる海底ケーブルが1本や2本、切れたところで大きな影響はないかもしれない。実際、自然災害によって海底ケーブルはしょっちゅう切れている。

しかし、実際に戦争になれば、1本、2本ではない規模で海底ケーブルが破壊される可能性がある。海底ケーブルがどこにあるかは、現代においては隠すことが難しい。陸揚局がどこにあるかは、筆者のような部外者にも探すことができる。海底のケーブルのだいたいの場所は、船の航行に使う海図に記されている。ケーブルが複数敷設されているところであれば、そうしたケーブルに直角になるような角度で海底に機械を這わせればケーブルを破壊することができるだろう。

海底ケーブルが民間事業者の保有である限り、政府や軍が平時から警備・防護することは難しい。無論、開戦間近という非常時になれば人員を配置することはできるだろうが、いつ来るか分からないテロに備える余裕はないだろう。しかし、複数のケーブルが集まるような重要な陸揚局では、釜山の陸揚局のような物々しい警備体制も必要かもしれない。

海底ケーブルが複数失われたときにどうするかという危機管理計画は必要である。当然、通信事業者はそうした計画を持っているだろう。2022年1月のトンガ沖での海底火山噴火によってトンガの1本しかない国際海底ケーブルが失われたことによって、トンガはそれが復旧するまで人工衛星に頼らざるを得なくなった。

おそらく多くの国は複数の海底ケーブルを持っているが、全部ではないにしろ大半が失われることになれば、通常の通信を維持することはできなくなる。政府や軍の通信を優先するなどのトリアージ（行動順位決定）も必要になるだろう。我々の社会が海底ケーブルに依存すればするほど、それが失われたときのダメージは大きくなる。

太平洋横断海底ケーブルのドラマ

1 ハワイの戦略的重要性

英米の角逐

1870年頃から既に米国西海岸からハワイへとつながる海底ケーブルの必要性は指摘されていた。最初に提案した一人は、南北戦争の英雄であり、後に海軍兵学校の校長も務めたデビッド・D・ポーター（David D. Porter）提督だったという。

1879年には大西洋ケーブルの成功で有名なサイラス・フィールドが太平洋ケーブルの権利を取得したが、十分な資金を集められなかった。フィールドは来日し、カムチャツカ半島経由で函館に至るケーブル、またはサンフランシスコと横浜を結ぶケーブルのいずれかを敷設したいと要請したが敷設に至らず、フィールドの権利は失効してしまう。[1] 米国の国務長官トーマス・F・バヤード（Thomas F. Bayard）も関心を示したが、国費の投入には至らなかった。[2]

19世紀末の太平洋における英米関係は微妙な局面にあった。大英帝国は太平洋にも拠点を持ち、ハワイにも関心を示していた。ハワイ王国では、カラカウア（Kalākaua）王が、英国人や米国人の力を借りながら近代化を進める一方で、特に米国による併合の危機にさらされていた。

カラカウア王は、当時台頭しつつあった日本との関係強化を図りながら、なんとか独立を保持しようとしていた。彼は1881年に来日している。日本にとっては、歴史上初めて来日した国家元首である。明治天皇と会ったカラカウア王は、日本とハワイの間に海底ケーブルを敷設することを提案した。ところが、1881年は明治14年の政変が起きていた年であり、日本政府はカラカウア王の要請に応える余裕がなかった。[3]

また、ハワイの王室は米国よりも英国を好む傾向があった。特に最後の女王となるリリウオカラーニ（Lili'uokalani）は、英国の王室を範としようとしていた。

1　大野、前掲論文。
2　David M. Pletcher, *The Diplomacy of Involvement: American Economic Expansion across the Pacific, 1784-1900*, Columbia, MO: University of Missouri Press, 2001, pp. 234-235.
3　ウィリアム・N・アームストロング（荒俣宏、樋口あやこ訳）『カラカウア王のニッポン仰天旅行記』小学館、1995年。

2度のクーデター

米国のグロバー・クリーブランド（Grover Cleveland）大統領は、ベンジャミン・ハリソン（Benjamin Harrison）を挟んで2度大統領になっている（第22代および第24代）。最初の大統領職にあった1887年、クリーブランドは、女王になる前のリリウオカラーニにホワイトハウスで会っている。

リリウオカラーニは義理の姉（兄のカラカウア王の妃）に当たるカピオラニ（Kapiʻolani）王妃とともに、英国のヴィクトリア女王の在位50年式典出席のためロンドンに行く途中、ワシントンDCに立ち寄った。民主党のクリーブランドは、共和党と違い、海外に植民地を持つことに反対しており、リリウオカラーニはクリーブランドに好感を持っていた。ところが、リリウオカラーニのロンドン滞在中、ハワイに住む米国人たちによるクーデターが起こり、カラカウア王はハワイ王国の王権を弱めた憲法草案に無理矢理署名させられた[4]。

ハワイに居着いた米国人たちは、自分たちの権益を拡大し、それを守るためには米国がハワイを併合してしまうことが最善だと考え、そのための策を練っていた。カラカウア王暗殺の計画までもあった。1889年3月から93年3月まで大統領だった共和党のハリソンは、対外拡張論者であり、ハワイの米国人たちはこうした政治的変化をとらえようとしていた。海底ケーブルをめぐる動きが本格化するのもこの頃である。

1891年1月、カラカウア王が米国のカリフォルニアを訪問中に病没したため、リリウオカラーニが初の女王として王国を受け継いだ。しかし、1893年に、またもやハワイの利権を牛耳る米国人たちによるクーデターが起きた。女王はこれに抵抗したため、幽閉されてしまう。[4]

1893年3月にハワイに好意を持つクリーブランドが大統領に復帰すると、大統領はハワイのクーデターを否定し、調査を命じる。しかし、1897年に共和党のウィリアム・マッキンリー（William McKinley, Jr.）が大統領になると、再びハワイの米国人たちの併合活動が活発になり、翌98年、ついにハワイは米国に併合されてしまう。[5] 現在、ホノルルのカカアコ地区にはマッキンリー大統領から名を取ったマッキンリー高校がある。後にハワイ州選出の上院議員となるダニエル・イノウエ（Daniel Inouye）もこの高校を卒業した。しかし、ハワイ併合を不当と考える人たちもいる。大きなイベントがハワイで開かれる

4　猿谷要『ハワイ王朝最後の女王』文春新書、2003年、105〜124頁。
5　ハロラン芙美子『ホノルルからの手紙』中公新書、1995年、16頁。

際、「ハワイを自由に（Free Hawaii）」という横断幕を使ってデモをする人たちがいる。

2 ハワイへの海底ケーブル接続競争

マハンの警告

なぜ米国はハワイを併合しようとしたのか。クーデターが起きた1893年、海洋権力論で知られるアルフレッド・T・マハン（Alfred T. Mahan）は、「ハワイと我々の将来の海上権力（Hawaii and Our Future Sea Power）」と題する論文を発表している。[6] そのなかでマハンは、ハワイは「固有の商業的価値だけでなく、海運・軍事コントロールにとって望ましい位置という点からも」重要であると書いている。しかし、ファニング島（現在のキリバス共和国のタブアエラン島）やクリスマス島（同じくキリバス共和国の島）のように、数年の内に英国の所有になってしまうかもしれないとも警告した。カナダのブリティッシュ・コロンビアからニュージーランドやオーストラリアへの途上にあるのが、ハワイだからである。

明治時代の約6年間、ハワイの日本移民監督官をしていた瀬谷正二は、いくつかハワイに関する著作を残している。１８９２（明治25）年に出版された『布哇』の冒頭で（布哇はハワイのこと）、瀬谷は以下のように述べている。

> ハワイは豆大の群島に過きすと雖も位置を北太平洋の中央に占め北に背き南に面して濠洲の新天地と相對し右に亞細亞を控ゑ左に亞米利加を挾みて北米濠洲の航路を扼す故に此幼稚なる二大陸にして産業起り人口増加し國運発達するに至らは兩地間に往復の船舶も亦た幾倍の多きを致し「ホノルル」港内帆檣常に林立するに至るや必せり[7]

つまり、当時はまだヨーロッパの先進地域に対してアジアと北米、そしてオーストラリアは新興地域にすぎなかったが、これから発展する三つの地域の間にあるハワイが発展し

6　Alfred T. Mahan, "Hawaii and Our Future Sea Power," *The Forum*, March 1893. この論文は以下に再録されている。Alfred T. Mahan, *The Interest of America in Sea Power: Present and Future*, Boston: Little, Brown & Co., 1917, pp. 31-55. 同書のデジタル版は〈http://openlibrary.org/books/OL14014987M/The_interest_of_America_in_sea_power〉で利用可能である（２０１２年8月20日アクセス）。以下も参照。猿谷要『ハワイ王朝最後の女王』文春新書、２００３年、１５７～１５９頁、１９０頁、２３２～２３３頁。

7　瀬谷正二『布哇』忠愛社書店、１８９２年、１頁。一部を新字体に改めた。

ないわけがないと言っている。

米国議会の拒絶

1895年1月9日、ハワイに好意的だったクリーブランド大統領が、海底ケーブルについて議会にメッセージを送っている。[8] それによると、英国がカナダとオーストラリアを結ぶ海底ケーブルの中継地としてハワイの無人島をリースしてほしいとハワイ政府に申し入れていた。しかし、ハワイと米国の間には互恵条約が結ばれているため、米国の同意なしにはリースは認められない。英米両政府の間で交渉が行われ、合意文書の原案が作成され、それを承認するようクリーブランド大統領は米国議会に求めたのだ。

英国が求めたのは無人島で、いずれもハワイ諸島北西にあるネッカー島、フレンチ・フリゲート・ショールズ環礁、あるいはバード（別名ニホア）島のいずれかである。そこからホノルルにも支線を延ばし、ハワイも海底ケーブルで世界とつながる予定だった。

英国がこうした要求をしたのは、英国領の島々が太平洋の南側には無数に存在したものの、太平洋の北側にはほとんどなかったからだ。実際には、ネッカー島は小岩礁ともいえるもので、人が居住できるような島ではなかった。

ところが、米国議会は、この英国の申し出を拒絶した。議会はハワイの戦略的重要性から、米国が自らハワイへの海底ケーブルを敷設するべきだと考え、当時世界の電信ケーブルを牛耳っていた英国がハワイを押さえることを避けたのだ。

瀬谷は『布哇』のなかで海底ケーブルについて以下のように述べている。

近来英米兩國の鋭意其計畫に従事せる二條の海底電線即ち北米太平洋の沿岸より濠洲に到る者と亞細亞に達する者とは略ほ共に布哇を以て第一の接續地と爲すをに決定したりと云ふ然らば則ち布哇は商略上より之を言ふも兵略上より之を言ふも將來に於て太平洋中最も重要の地位に立つ者なり[9]

英国と米国がハワイを海底ケーブルの接続地とすべく争っているが、それは、商業上の

8　Grover Cleveland, "Message from the President of the United States, Submitting Dispatches and Accompanying Documents from the United States Minister at Hawaii, Relative to the Lease to Great Britain of an Island as a Station for a Submarine Telegraph Cable," United States Congress (53rd, 3rd Session), Senate, Committee on Foreign Relations, January 9, 1895 (available at University of Hawaii, Manoa: Hamilton Hawaiian-Library, TK5613.U58).

9　瀬谷、前掲書、4頁。一部を新字体に改めた。

利益と戦略（兵略）上の利益の二つから重要だという。

1890年の時点でハワイとの貿易に携わった船舶の国籍を見ると、米国が224隻、ハワイが35隻、英国が16隻、ドイツが9隻、その他が9隻となっているので、やはり米国の影響力がどうしても大きかった。[10] 貿易額に占める米国の割合は91・18％、英国が5・49％、日本および中国が1・44％、オーストラリアが0・80％、ドイツが0・74％、その他0・35％である。

距離の隔たりからしてヨーロッパ諸国が少ないのは当然として、日本および中国、オーストラリアも米国と比べてみればほんのわずかである。日本と中国は既に多くの移民をハワイに送り出していたが、貿易額は小さく、関心も小さかったといえるだろう。

全赤色線の野望

英国側にもハワイへの陸揚げを反対する声が根強かった。英国議会のなかにはハワイへ陸揚げすべきだという声もあったが、英国政府は「全赤色線（All Red Line）」と呼ばれる純粋な英国政府支配のケーブルにこだわっており、[11] ハワイが英国のものでない以上、そこに陸揚げすべきではないと考えていた。

これに加担して、英国の国策ケーブル会社であったイースタン・テレグラフ・カンパニー社長のジョン・ペンダー（John Pender）卿は、大西洋上のマデイラ島（現在はポルトガル領）からカリブ海のセント・ビンセント島、南大西洋のセント・ヘレナ島、アフリカを陸路で横断し、インド洋のモーリシャス、ココス島、オーストラリアのパース、アデレードを通るルートを提案した。太平洋を横断せずにオーストラリアにつなごうというのである。

これには、カナダが大反対し、英国本国、カナダ、ニューサウスウェールズ、ヴィクトリア、クイーンズランド、ニュージーランドの代表からなる太平洋ケーブル委員会（Pacific Cable Board）が設立された。その結果、英国は、１８８８年に領有していたファニング島に、１９０２年にケーブル接続点をつくり、そこを経由してフィジー、ノーフォーク島を通ってニュージーランドへ至るルートをつくった[12]（図３―１）。さらには、ペンダー卿が提案したルートも実際につくられ、英国系の世界一周ルートがつくられた。

10　瀬谷、前掲書、89頁。

11　赤色が使われたのは、英王室が赤を好んだからで、当時の地図において大英帝国の領土は赤く塗られることが多かったからである。後の共産主義とは関係がない。

12　マックス・ロッシャー（訳者不明）『世界海底電信線網』日本無線電信、１９３７年、１１２～１１４頁。

図3-1　20世紀初頭における英米の太平洋ケーブルのルート

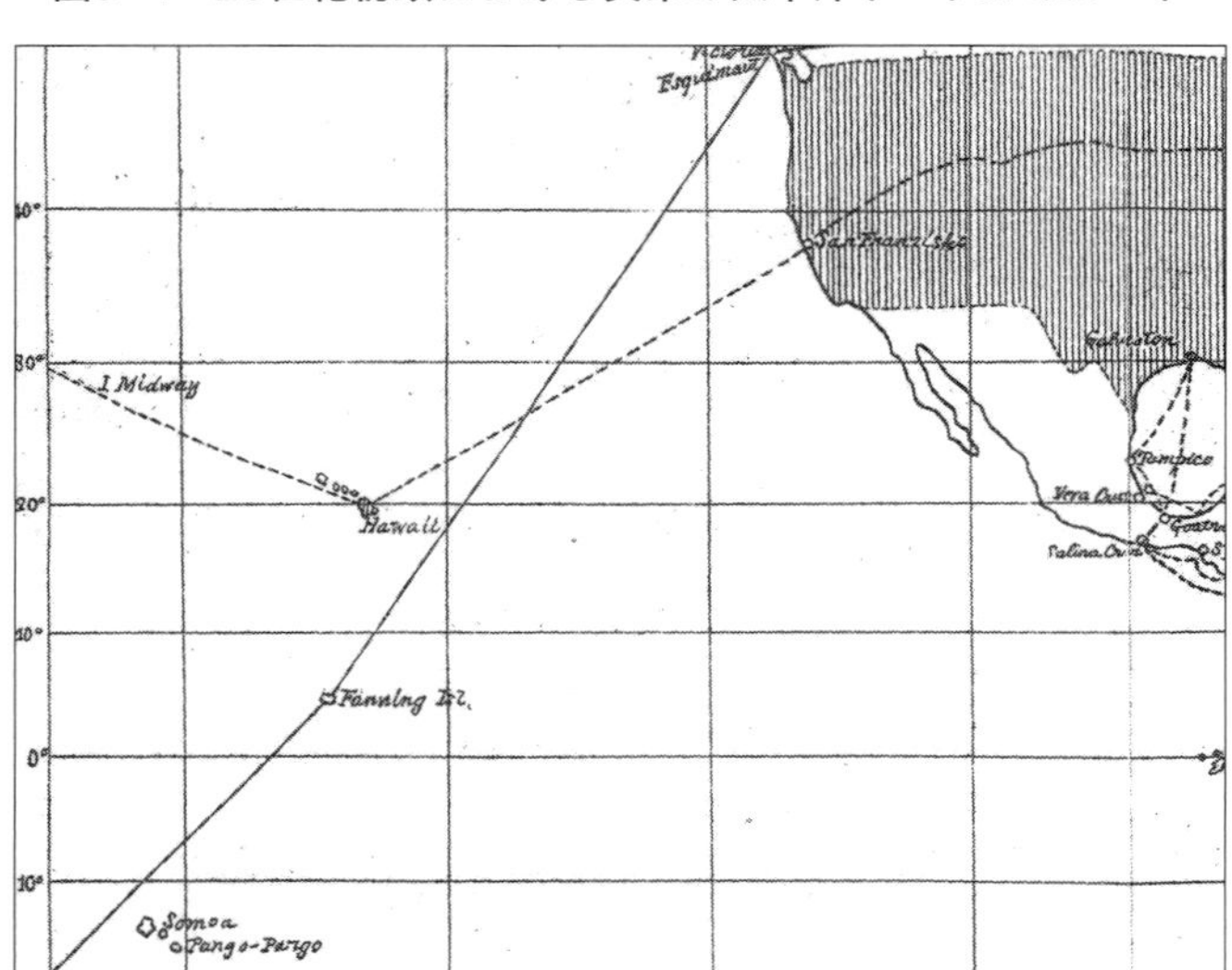

注　実線が英国のルート、破線が米国のルート
出所　大内丑之助『海底電線論』臺灣日日新報社、1905年、非売品、折り込み図表

当時の植民地主義の下では、どこの国が所有するケーブルかが重要な問題であった。英国は自国の影響下にある土地だけを結んだ「全赤色線」にこだわり、海底ケーブルの運営に外国人が関わることを嫌った。逆に、米国をはじめ他の国々はいかに英国の影響から逃れるかを考えていた。英国のケーブルを通ると、そこで検閲され、下手をするとメッセージそのものが止められたり、改変されたりする恐れがあったからである。

海底ケーブルによる通信は、外国艦船の動静報告にも使われており、海底ケーブルを押さえることは戦略的に不可欠であった。

3 米国によるハワイ海底ケーブル

競合2社

英国からの要請は拒否したものの、この一件はハワイへの海底ケーブル論議を刺激することになる。そして、1896年になると、ハワイの海底ケーブルは2社によって争われることになった。

南北戦争の際、北軍で中佐であり、その後ハワイでプランテーション・ビジネスをしていたザファナイア・S・スパルディング（Zephaniah S. Spalding）が率いるニュージャージー太平洋ケーブル社（Pacific Cable Company of New Jersey）と、ケーブル事業で知られていたジェームズ・A・スクリムザー（James A. Scrymser）が率いるニューヨーク太平洋ケーブル社（Pacific Cable Company of New York）である。

英国のイースタン・グループを率い、大西洋海底ケーブルの英国側の立役者であるジョン・ペンダー卿がスパルディングの会社を支援しており、米国の電報通信会社ウェスタン・ユニオンがスクリムザーと協力関係を築いていた。[13]

両陣営は米国議会へのロビー活動も行い、それぞれを支持する法案が議会に提出され、上院の外交委員会（Foreign Relations Committee）は前者を支持し、下院の州間・外国商業委員会（Committee on Interstate and Foreign Commerce）は後者を支持した。[14] 議会には18本もの法案が提出されることになった。[15]

両者は、1896年4月1日、議会の公聴会で直接対決し、自社に敷設させるように求めた。[16] しかし、結論はなかなか出ないままだった。

米西戦争勃発

ところが、この約3年後、1898年2月15日にキューバのハバナ湾で米国海軍の戦艦メイン（USS Maine, ACR-1）が爆発し、これが原因となって4月に米西戦争が始まってしまう。後に米国陸軍で通信傍受を担うジョージ・O・スクワイアー（George O. Squier）は、この戦争を「石炭とケーブルの戦争」と呼んだ（石炭はメイン号の爆発の原因とされている）。

米国はキューバにつながるケーブルを検閲したり、切断したりして、情報をコントロールした。スペインはキューバに送る通信を押さえられてしまうことになった。海底ケーブルを自国で確保しておくことの重要性が、米西戦争によって改めて認識されることになった[17]。

戦後の1899年2月10日、共和党のマッキンリー大統領は、ハワイとの海底ケーブル敷設に関して議会に対してメッセージを送った。米西戦争の講和条約がスペインとの間で批准の見通しとなり、フィリピンとの航路と通信路を確保するにあたり、ハワイの重要性が高まってきたことを受けて、長らく議論されてきたハワイとの海底ケーブル敷設構想を

13　大野、前掲論文。

14　Pletcher, *op.cit.*, p. 248.

15　Pletcher, *op.cit.*, p. 248. Headrick, *op.cit.*, p. 100.

16　Hearings before the Committee on Foreign Relations in Regard to the Bills, S.1316, "To Facilitate the Construction and Maintenance of Telegraphic Cables in the Pacific Ocean for the Use of the Government in its Foreign Intercourse," Represented by Messrs. Z. S. Spalding and Wagner Swayne, and S.876, "To Provide for Telegraphic Communication between the United States of America, the Hawaiian Islands, And Japan, And to Promote Commerce," Represented by Messrs. James S. Scrymser and Edmund L. Baylies, April 1, 1896, Washington: Government Printing Office, 1896 (available at University of Hawaii, Manoa: Hamilton Hawaiian-Library, TK5613.U56).

17　ロッシャー、前掲書、183〜185頁。

復活させようというのだ。大統領は次のように書いている。

ハワイとグアムが米国領となり、海を横断する便利な場所を形成しており、米国とこうしたすべての太平洋島嶼との間の迅速なケーブル通信の必要性は欠かせないものになった。そうした通信は、平時であろうと戦時であろうと、完全に米国の支配下において確立されるべきである。[18]

米西戦争によって米国はフィリピンを獲得し、それはハワイの戦略的重要性を高めることになった。

議会上院は1900年4月11日、政府の費用によって海底ケーブルを敷設することを認める法案を可決し、下院に送付した。ところが、下院の州間・外国商業委員会はこれを認めず、スクリムザーの会社に毎年30万ドルの補助金を20年間支出する法案を成立させてしまった。両院は法案の差異を埋めることができず、ハワイへの海底ケーブルはまたもや先延ばしになった。[19]

4 太平洋ケーブルの開通

マッカイの構想

大西洋ケーブル敷設のヒーローがサイラス・フィールドだとして、太平洋ケーブル敷設のヒーローは、アイルランド移民で通信事業への投資で知られていたジョン・W・マッカイ（John W. Mackay）であろう。[20] 彼は最初の太平洋ケーブルを敷設するべく、商業太平洋海底電信会社（Commercial Pacific Cable Company）を設立した。

18 William McKinley, Jr., “Cable Communication with Pacific Islands: Message from the President of the United States, Relative to Necessity for Speedy Cable Communication between the United States and All the Pacific Islands,” February 10, 1899 (available at University of Hawaii, Manoa: Hamilton Hawaiian-Library, TK5613.U64).

19 Commercial Pacific Cable Company, “Pacific Cable: Should the Government Parallel the Cable of the Commercial Pacific Cable Company Greatly Reduced Rates,” Not for Publication, 1902 (available at University of Hawaii, Manoa: Hamilton Hawaiian-Library, TK5613.C65).

マッカイの構想が米西戦争前の2社と違ったのは、政府からの補助金無しで太平洋ケーブルを敷設する提案をしたことであった。スパルディングとスクリムザーの両者がケーブル敷設の援助金を取り損ねたのを見たマッカイは、1901年8月22日、ジョン・ヘイ(John Hay)国務長官に書簡を送った。自分は補助金を求めず、1902年9月までに西海岸とハワイの間にケーブルを引いてみせるというのだ。そして、米国の影響下にあるところならどこでもケーブルを引き上げてよいという条件なら、フィリピン、日本、中国との間にもつなぎ、通信料金を下げてみせるとも書き加えた。マッカイの構想は、ハワイのケーブルに関係する人たちを驚かせた。[21]

マッカイは1902年7月、「太平洋ケーブルを引く。そうしたら仕事から引退する」と語っていた。その年の11月の感謝祭を目標にしていた。しかし、夢の達成を見る前の7月20日、体調を崩していたマッカイは亡くなった。[22] ジョンの夢を受け継いだのが、息子のクラレンス・マッカイ(Clarence Mackay)であった。

本書の冒頭で述べた通り、最初の海底ケーブルが1902年12月28日、ホノルルのサン・スーシ・ビーチに引き上げられた。マッカイ親子の海底ケーブルは1903年1月2日にサンフランシスコからハワイの間でサービスを開始した。当初の計画からは遅れてしまったものの、5月24日にはフィリピンのマニラからケーブル敷設船アングリア(Anglia)

号が東へ向けて出航し、グアムとミッドウェー諸島をケーブルでつなぎ、さらにハワイをつなぐ作業に着手した。

そして、1903年7月4日、ニューヨーク州のオイスター・ベイの自宅にいたセオドア・ルーズベルト大統領は、フィリピンの民政長官のウィリアム・タフト（William H. Taft：ルーズベルトの後に大統領になる）に最初のメッセージを送った。オイスター・ベイからフィリピンのマニラまで6分かかったという。

大統領のメッセージは、クラレンス・マッカイの持つ別会社であるポスタル・テレグラフ（Postal Telegraph）社の陸線を通って東海岸のニューヨークから西海岸のサンフランシスコに行き、そこから新しい海底ケーブルを使ってハワイ、ミッドウェー、グアムを継いでマニラに到着、さらに香港、サイゴン、シンガポール、ペナン、マルタ、ジブラルタル、リスボン、アゾレス諸島、カナダのカンソーを経由して世界を一周し、ニューヨークに戻

20　以下の記述は主に次の文献による。Jack R. Wagner, "The Great Pacific Cable," *Westways*, vol. 48, no. 1, pp. 8-9.
21　Commercial Pacific Cable Company, *op.cit.*
22　Michael J. Makley, *John Mackay: Silver King in the Gilded Age*, Reno, Nevada: University of Nevada Press, 2009, p. 210.

ってきた。

日本への接続

1906年にクラレンスの会社は、海底ケーブルをフィリピンのマニラから中国の上海につないだ。上海は大英帝国の海底ケーブルの基地があり、大英帝国の電信ケーブルネットワークとも接続する。さらに、グアムから小笠原諸島へ支線をつくり、そこで日本の海底ケーブルとも接続した。日本への接続にあたっては、日露戦争で日本が勝利したことが大きかった[23]。

1906年の『地学雑誌』は「グアム本邦間海底電線」と題する雑報記事を載せている。それによれば、グアムから横浜へつなげるケーブルについては日米間の協議がまとまり、マッカイが設立した商業太平洋海底電信会社がグアムから小笠原諸島までを敷設し、日本政府が小笠原諸島から横浜まで敷設する。日本の海底ケーブル敷設船の沖縄丸は既にケーブル敷設を始めているという。その前年の日露戦争の際、本州のある場所と八丈島の間にはケーブルがあったという。しかし、「本州のある場所」は故あって記せないとも書いており、軍事用のケーブルだったのだろう。このケーブルは使わずに、新たに小笠原諸島と横浜の間に引き直すという。[24]

1906年8月1日、横浜からグアム、ミッドウェー、ホノルル、サンフランシスコへとつながる海底ケーブルが開通した。1902年12月にサンフランシスコとホノルルはつながっていたわけだから、その後3年8カ月間を要して日本からサンフランシスコにつながったことになる。

このルートが完成する前は、日本から米国にメッセージを送る場合、長崎から上海、香港、マニラ、グアム、ミッドウェー、ホノルル、サンフランシスコというルートを通っていた。アジアに迂回する分がなくなり、通信に要する時間の短縮が可能になった。

日露戦争の際には、長崎とウラジオストクの間のケーブルが使えなくなり、長崎－上海線に頼るしかなかったが、ロシアと近いデンマークの大北電信が運用するこのルートは、一時的に不通になったこともあるという。その点で、米領であるグアムに直接通信を送れるようになったことは戦略的な意味も大きい。

『地学雑誌』には以下のような編集者のコメントが載せられている。

23 大野、前掲論文。
24 「グアム本邦間海底電線」『地学雑誌』第18巻5号、1906年、360頁。

電線の開通は我國通信史上に特書せらるべき事實なるのみならず太平洋の通信上に於ても亦一紀元を開きたりと云ふべし、されば今後合衆國との通信は愈々頻繁を加ふべく、又歐羅巴(ヨーロッパ)への電報も此線に依るときは速達するを得るが故、之れが爲に得る利益は決して少々に在らざるべし[25]

一九〇六年の日本の海底ケーブル

ハワイからグアム、そこから分岐してフィリピンと日本がつながったことにより、太平洋を横断する海底ケーブルの幹線部分が完成した。この時点で、日本が持つケーブルは、以下の通りであった。[26]

- 東京（横浜）から出ている2本：うち1本は八丈島に、もう1本は小笠原諸島を経てグアムにつながる線
- 広島県の宇品(うじな)から呉を経て伊予（現在の愛媛県）の高浜につながる線
- 馬関海峡、佐世保、長崎のそれぞれから1本ずつ釜山につながる線

・釜山から鬱陵島を経て仁川につながる線
・長崎から台湾の基隆につながる線
・鹿児島から沖縄につながる線
・出雲の松江から隠岐につながる線
・新潟の寺泊から佐渡につながる線
・青森と函館をつなぐ線
・北海道の瀬棚（現在の「せたな町」）から奥尻島につながる線
・利尻島、礼文島につながる線
・稚内から樺太につながる線
・根室から国後島、択捉島につながる線

25 「本邦合衆國間直通海底電線開通」『地学雑誌』第18巻8号、1906年、574〜575頁。
26 「本邦海底電線延長現況」『地学雑誌』第18巻12号、1906年、862〜863頁。

マッカイの事業撤退

第一次世界大戦後の1928年、クラレンス・マッカイは電信事業をITT（International Telephone and Telegraph）社に売却した。そのときまでにマッカイの海底ケーブルは11万7489キロメートル（7万3004マイル）、陸上の通信ケーブルは62万1356キロメートル（38万6093マイル）にまで延びていた。売却の背景には、無線電信の発達があり、海底ケーブル事業が割高になってきたことがあった。また、各国は大英帝国の海底ケーブル支配から脱するという目的もあって無線通信の採用を急いだ。[27]

そして、第二次世界大戦によって、海底ケーブル事業は壊滅的な打撃を受けた。日本と中国へつながるケーブルは切断され、修復されることはなかった。つながっていた西海岸からハワイ、そしてマニラへのルートでもITTのシェアはしぼんでいき、事業は赤字になった。1962年までケーブルは使われたが、その後は使われないまま、海底に沈んでいる。

もともと鉱業で身を立てたジョン・マッカイの死後、遺族によって多額の寄付が故郷のネヴァダ大学に行われ、同大には今もマッカイ地球科学・工学部（マッカイ・スクール・オブ・アース・サイエンス・アンド・エンジニアリング）が設置され、マッカイの銅像が立っている。

27 岡忠雄『太平洋域に於ける電氣通信の國際的瞥見』通信調査會、1941年、21頁。

接続の力学

太平洋島嶼国におけるデジタル・デバイド[1]

1 欠落したリンク

メイトランド委員会

パラオ共和国は東京から約3200キロメートル南の太平洋上に位置する島国である。パラオは大小200程度の島々から構成される。第一次世界大戦後から第二次世界大戦終了まで、パラオは国際連盟による日本の委任統治領であったが、戦後、国際連合による米国の信託統治領を経て、1994年に独立した。

通信事情からパラオを見るとき、他の島嶼国と同じく、インフラストラクチャ整備という課題を抱えている。パラオは独立後、米国との間に自由連合盟約（コンパクト）を結び、米軍に基地を提供する代わりに援助を受けたが、2017年に海底ケーブルがつながるまで、国際通信は人工衛星に頼っていた。人工衛星による通信は帯域に比して高価であり、増大するインターネット需要をまかない切れない。国民からの需要だけでなく、増大する観光客からの需要も考えれば、帯域拡大が望まれていた。

国際連合は1983年を「世界コミュニケーション年」とし、国連の専門機関である国際電気通信連合（ITU）は、「電気通信の世界的発展のための独立委員会（委員長のドナルド・メイトランド［Donald Maitland］卿の名を取って『メイトランド委員会』と呼ばれる）」を組織した。メイトランド委員会は1985年1月に「欠落したつながり（The Missing Link）」と題する報告書を発表した。[2] そこでの結論部分から引用しよう。

緊急事態、医療やその他の社会的なサービス、行政や商業といった明白な分野だけで

1　本章は2010年8月30日から9月2日のパラオにおけるワークショップ（The APT Workshop on Wireless Broadband for the Pacific）および現地調査にもとづき、土屋大洋「太平洋島嶼国におけるデジタル・デバイド――パラオにおける海底ケーブル敷説の可能性」慶應義塾大学メディア・コミュニケーション研究所編『メディア・コミュニケーション』第62号、2012年3月、161〜171頁、として発表された原稿に加筆修正したものである。APT（Asia-Pacific Telecommunity）事務局、総務省、慶應義塾大学東アジア研究所、慶應義塾大学メディアコミュニケーション研究所の関係各位の協力に感謝したい。また、情報提供に協力してくださった笹川平和財団の早川理恵子さんにも御礼を申し上げたい。

2　本書執筆にあたって日本語訳は入手できなかったが、日本語訳では「失われた輪」となっているようである。斎藤優、神品光弘、宝劔純一郎『発展途上国のコミュニケーション開発』文眞堂、1986年、9頁。

なく、経済成長を刺激したり、生活の質を向上させたりといった点においても、電気通信が担う不可欠の役割を考えれば、世界大の効率的なネットワークを構築することは計り知れない恩恵をもたらすだろう。国際的なトラフィックの増加は、電気通信サービスのいっそうの改善と開発に使える資金を増やすことになるだろう。貿易と情報のフローの増加は、より良い国際関係に資するだろう。世界大に効率的なネットワークを構築する過程は、既に余剰生産力の影響に苦しむハイテクその他の産業に新しい市場を提供するだろう。世界大の通信の開発において先進国と開発途上国が共有する利害は、新しいエネルギー源に比するものである。しかしそれはまだ十分に評価されていない。[3]

インターネットが一般に普及する前に書かれたメイトランド委員会の認識は、現在でも十分通用する。技術は変化しても、通信が国家の発展と国際関係に及ぼす影響は変化していない。[4]

2つのゴア・ドクトリン

1992年の米国大統領選挙において、クリントン＝ゴアの民主党候補が、情報スーパーハイウェーを公約の一つにして当選した。1993年にビル・クリントン政権が成立すると、国家情報基盤（NII）構想を打ち出し、続いて世界情報基盤（GII）の構築を世界に呼びかけた。

1994年、アル・ゴア（Al Gore）副大統領は、ITUの会議でアルゼンチンのブエノスアイレスを訪問し、そこで演説を行った。そこでゴアが述べたことを、公文俊平は「ゴア・ドクトリン」と呼んでいる。ゴアのGIIドクトリンの第一は、「GIIは、国民経済と国際経済の両者にとって経済成長の鍵となる」というものである。[5] ゴア副大統領は、

3 Independent Commission for World Wide Telecommunications Development, The Missing Link, International Telecommunications Union 〈http://www.itu.int/osg/spu/sfo/missinglink/index.html〉, 1985, p. 65.

4 なお、メイトランド委員会の報告書は、電気通信開発センター（CTD）の設立を勧告し、半独立的な組織として実際に設立されたが機能せず、紆余曲折を経て、ITUの三つ目の主要活動である電気通信開発部門（ITU−D）として取り込まれることになった。

1994年3月21日にITUの演説で次のように述べた。

経済発展の欠如が貧弱な通信の原因だという人々がいます。私は、それは因果関係が逆だと信じています。原始的な通信システムが貧しい経済発展の原因となっているのです。[6]

第二のドクトリンは、「GIIは、民主主義建設の鍵となる」というものである。同じ演説の中でゴアは次のように述べている。

GIIは、機能的な民主主義のメタファーだというだけでなく、意思決定への市民の参加を大いに後押しすることで民主主義の機能を本当に促進するでしょう。そして諸国民が互いに協力する能力を強く奨励するでしょう。私は、GIIがつくり出すフォーラムにおいて構築される民主主義の新しいアテネの時代を考えています。

公文は、「ゴアのこの二つのドクトリンは、21世紀の新しい世界秩序の基本軸をなすものだといってよい」と高く評価している。[7]

つながった者だけが生き残る

一方で、インターネットは米国中心にできており、必ずしも世界の情報基盤にはならないという批判もある。ジャーナリストのケネス・ニール・クーキエ（Kenneth Neil Cukier）は、「帯域植民地主義？――国際的な電子商取引に関するインターネットのインフラストラクチャの示唆」と題する論文を１９９９年に発表した。[8]

それによれば、インフラストラクチャのレベルで見るとインターネットは米国中心になっている。それは、歴史的にインターネットの主要バックボーンが米国にあるとともに、ネットワーク外部性が働き、地域内でのネットワークの相互接続よりも、ハブとなってい

5　公文俊平『アメリカの情報革命』ＮＥＣクリエイティブ、１９９４年、１７８頁。
6　Al Gore, Remarks Prepared for Delivery By Vice President Al Gore, International Telecommunications Union, March 21, 1994 〈http://cyber.eserver.org/al_gore.txt〉, 1994.
7　公文、前掲書、１７９頁。
8　Kenneth Neil Cukier, “Bandwidth Colonialism?: The Implications of Internet Infrastructure on International E-Commerce,” Presented at the Internet Society's INET'99 conference, San Jose, United States, 1999.

る米国につないでしまったほうが効率的だからである。
したがって、21世紀のネットワークの時代においては、ネットワークにつながっていること、それも強大なハブに直結していることが重要になる。逆に、ネットワークにつながらない国家やアクターは取り残され、情報が入らず、政治、経済、文化など各方面で後れを取ることになる。
米国の研究者であり、国務省で外交政策にも携わったアン=マリー・スローター(Anne-Marie Slaughter)は、我々はネットワーク社会に生きており、戦争、外交、ビジネス、メディア、社会、宗教までもネットワーク化されているという。現代においてパワーを測る尺度は「接続性(connectedness)」であり、「つながった者だけが生き残る」というこの新しいネットワーク社会において、米国は明白かつ持続可能な競争力を持つと主張している。[9]
それでは、ネットワークにつながっていない国家やアクターはどうすればよいのだろうか。帯域の限られた人工衛星経由でしかインターネットにつながらず、海底ケーブルを持たないパラオのような小さな島国に希望はないのだろうか。

2 通信開発における援助と自助

ＯＤＡの対象となるための条件

ＧＩＩから取り残された国々を救う一つの手段は、政府開発援助（ＯＤＡ）であろう。しかし、必ずしも簡単ではない。図４－１は、日本のＯＤＡの二国間政府開発援助に占める通信分野の割合を示したものである。これを見ると、２０００年に２・２８％あった割合は、上下を繰り返しながらも趨勢としては減り続け、２０１８年にはわずか０・１０％にまで下がった。

その理由は、収益が見込める通信事業にはＯＤＡは使わないという方針である。海底ケーブル敷設の初期費用は大きい。しかし、いったんできてしまえば、被援助国（の事業者）

9　Anne-Marie Slaughter, “America’s Edge: Power in the Networked Century,” *Foreign Affairs*, January/February 2009, pp. 94-113.

図4-1　日本による二国間政府開発援助での通信分野の割合

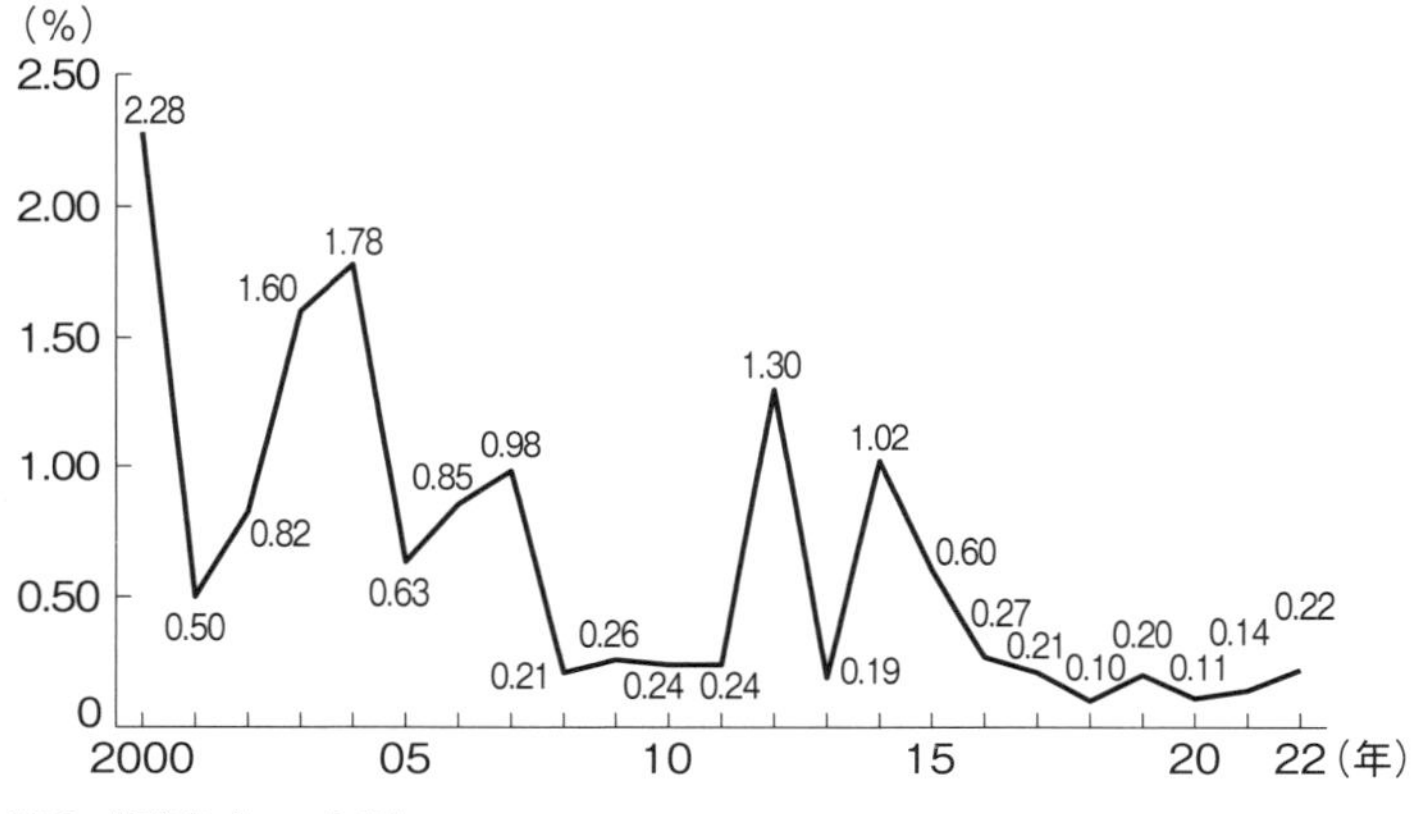

出所　外務省『ODA白書』

は事業収入を得られることになる。したがって、ODAの性質にそぐわないというわけである。[10]

それでは、利益が期待できるのだから、民間の事業者に任せればパラオのような国にも海底ケーブルは引かれるのだろうか。

海底ケーブルの事業は、従来、敷設、維持、事業が未分離であり、海底ケーブルを使う事業者が自ら敷設し、維持し、事業に供してきた。海外とつなぐ海底ケーブルは、相手国の事業者を含むコンソーシアムが形成されることが多かった（「コンソーシアム・ケーブル」と呼ばれる）。しかし、近年では、自社利用や賃借を前提とした「プライベート・ケーブル」も登場してきている。[11]

事業者にとって海底ケーブルを敷設する際に考慮する要因は何か。第一に、海底ケーブルに付けられる中継器の設置間隔（海底の起伏などが影響する）である。海底ケーブルでは送信された信号が減衰してしまうため、中継器が一定の間隔で設置される。しかし、外国の事業者（ないし政府）の同意が得られなければ、敷設できないこともある。

第二に、陸揚局設置に伴う環境配慮である。工業化優先の時代においては環境への配慮は大きな問題とならなかったが、現代では環境と調和した開発が求められている。特に、太平洋島嶼国では、海底ケーブルの敷設が珊瑚礁の保全にダメージを与える可能性がある。そうした配慮から、海底ケーブルのルートを変えたり、敷設そのものを取りやめざるを得なくなったりする。

第三に、海底ケーブル維持のための費用と人材の配置である。海底ケーブルは一度引いたらそれっきりというものでもない。漁網や地震などによって切断されることもあるし、陸揚局にも人を配置しておかなければならない。その費用に見合うだけの収益が見込めな

10　しかし、高速道路や空港といったインフラストラクチャへの支援も事業収入を生み出すことがあることを考えれば、このロジックは必ずしも正当とはいえない。

11　高崎晴夫「通信バブルの一考察（第1回）――国際海底ケーブルビジネスで何が起こったのか」『OPTRONICS』第3号、2003年、174～179頁。

ければ、企業としては海底ケーブル敷設に踏み切ることはできない。

第四に、需要そのものである。海底ケーブルを敷設しても使う人がいなければ意味がない。投資を回収できるだけの十分な需要があるかどうかが、最終的には海底ケーブル敷設の判断材料となる。

こうした判断材料を考慮し、民間事業者が引けないところにODAで引くことができるかが問題になる。

日本政府の思惑

パラオは第一次世界大戦後に日本の委任統治領になり、南洋庁がパラオ最大の都市コロールに置かれた。その影響が今でも残り、第二次世界大戦後の米国の統治が必ずしもうまくいかなかったこともあって、日本に対する親近感を抱いている。現代においては、リゾート観光地としてパラオは日本人に人気である。

日本政府は、国連常任理事国入りを積極的に進めようとする思惑もあって、太平洋島嶼国に近づこうとした時期もあった。日本政府は1997年から3年ごとに太平洋・島サミットを主催しており、G8の九州・沖縄サミットと重なった2000年には、南太平洋フォーラム（ＳＰＦ）の国々を招き、太平洋・島サミット宮崎宣言を出した。ここでは「衛星通信や情報技術（ＩＴ）及びクリーン・エネルギーといった分野での急速な進展は、孤立や主要な市場からの距離といった、ＳＰＦ加盟島嶼国が克服しようと苦慮している、島国特有の様々な不利な条件を軽減する可能性を秘めている」ということが確認された。

２００９年の第５回日・ＰＩＦ（太平洋諸島フォーラム）首脳会議「北海道アイランダーズ宣言」では、「地域の持続可能な経済発展への貢献に対するＰＩＦ首脳の要望に応じ、日本の首脳は、農業、漁業、観光部門の発展への支援や運輸・通信インフラの改善に特に焦点を当て、太平洋島嶼国が各々の経済における重要な部門を開発するために支援を行っていくことをコミットした」ということもうたわれている。

変わる風向き

それから９年後の２０１８年５月に福島県いわき市で行われた第８回太平洋・島サミットの首脳宣言では、第31段落で以下のように発表された。

31．首脳は、強靱で持続可能な発展を達成するための取組が、感染症及び非感染症分野を含む保健、教育、ジェンダー、情報通信技術（ICT）、貿易及び投資並びに観光の分野における協力の強化も必要としているとの認識を共有した。この観点から：
- 首脳は、医療サービスの質及び太平洋諸島フォーラム島嶼国の人々の福祉を向上させるとともに、より良い診断、より良い検査、必須医薬品・医療器具及び人材育成へのアクセスを通じたユニバーサル・ヘルス・カバレッジに向けた前進を加速させるための協力の重要性を強調した。
- 太平洋諸島フォーラム島嶼国の首脳は、アジア・太平洋電気通信共同体を通じたICT分野における日本の支援を歓迎し、同分野における更なる協力に期待した。
- 首脳は、中小企業によるものを含め、貿易及び投資を促進する取組を強化する意図を表明し、太平洋諸島センター、日本貿易振興機構及び太平洋諸島フォーラム島嶼国の全ての貿易及び投資関連機関による取組を歓迎した。
- 太平洋諸島フォーラム島嶼国の首脳は、地域に対して経済ミッションを派遣する日本の取組及び日本が5月17日に東京で日本・太平洋島嶼国経済フォーラムを主催したことを歓迎した。太平洋諸島フォーラム島嶼国の首脳は、ビジネス環境の改善に向けた取組を継続することに対する決意を改めて表明した。

・太平洋諸島フォーラム島嶼国の首脳は、日本・太平洋島嶼国観光大臣会合を開催するための日本の取組を歓迎するとともに、南太平洋観光組織との間のものも含め、観光セクターに裨益する具体的かつ実際的な活動に関する協力に対する日本のコミットメントを歓迎した。[12]

通信は重要な要素でありながら、52段落中31段落目でわずかに触れられているだけだとすると、依然として政府開発援助の枠組みでは取り組みにくい課題であることがうかがわれる。

しかし、２０２４年に開かれた第10回太平洋・島サミット（ＰＡＬＭ10）の日本・ＰＩＦ首脳宣言では、海底ケーブルへの直接的な言及がある。第28段落で以下のように示された。

28．首脳は、技術と連結性の分野における日本の強みと長年の協力の実績を認識し、

12　外務省「第８回太平洋・島サミット（ＰＡＬＭ８）首脳宣言」外務省〈https://www.mofa.go.jp/mofaj/a_o/ocn/page4_004026.html〉、２０１８年５月19日（２０２０年３月22日アクセス）。

太平洋のデジタル変革に関するラガトイ宣言に従って、包括的で安価かつアクセス可能な空・海・陸の輸送及び情報通信技術（ＩＣＴ）インフラ、並びに強固で強化された監制システム及びサービスを確保する、連結性の高い地域のための取組を強化する意欲を表明した。ＰＩＦ首脳は、太平洋島嶼国地域のネットワークの現代化と海底ケーブルに関する日本の協力に感謝の意を表明した。[13]

新型コロナウイルスのパンデミックを挟んで、この間に海底ケーブルをめぐる地政学・地経学の状況が大きく変わりつつあることを示している。

3 接続の力学の世界

ピアリングとトランジット

第Ｉ章で見た通り、１８３７年に電信が実用化され、１８５０年にドーバー海峡に初めての海底ケーブルが敷設された。その後、１８６６年に大西洋ケーブルが実用化され、本格的に海底ケーブルが普及していくことになる。大英帝国は１８９２年時点で世界の66・3％の海底ケーブルを所有しており、多大な影響力を行使した。大英帝国時代の海底ケーブルについては既に多くの研究がある。例えば、ヘッドリクは、「ケーブルは、新帝国主義の不可欠の一部であった」と指摘している。[14]

しかし、現代の光海底ケーブルについての研究はそれほど多くない。現代の光海底ケーブルは、急速な技術変化と需要増大の相互作用により爆発的に増えた情報を運んでいる。ところが、海底ケーブルの敷設は民間と民間の契約によって行われるようになったため、政府が介入する余地がなくなり、情報が一般には公開されなくなっている。

また、インターネットとは「ネットワークのネットワーク」だが、ネットワーク同士の接続形態を見てみると、大別してピアリングとトランジットがある。ピアリングとは「ピア（同等の人、対等者）」による相互接続であり、ここでは金銭のやりとりはせず、相互に通信の流れ（トラフィック）をやりとりする。

13　外務省「第10回太平洋・島サミット（ＰＡＬＭ10）日本・ＰＩＦ首脳宣言（仮訳）」外務省〈https://www.mofa.go.jp/mofaj/files/100700067.pdf〉、２０２４年。
14　Ｄ・Ｒ・ヘッドリク（原田勝正、多田博一、老川慶喜訳）『帝国の手先――ヨーロッパ膨張と技術』日本経済評論社、１９８９年、１９６頁。

しかし、格差のあるネットワーク同士を接続する場合、小さなネットワークのほうが、大きなネットワークに接続する意義が大きい。それによって得られるネットワーク外部性が大きくなるからだ。それに対して、大きなネットワークにとっては、小さなネットワークと接続するのはそれほどメリットが大きくなく、かえって費用増になることもある。したがって、ここで力関係が働き、接続にあたっては小さなネットワークから大きなネットワークへ料金の支払いが行われることになる。これがトランジット料金である。したがって、ネットワーク同士の相互接続は、単純に技術的な問題ではなく、むしろ、政治的なパワーのやりとりが行われる世界になる。

優先選択の論理

小さなネットワークにとっては、小さなネットワーク同士でピアリングすることにもそれなりの意味がある。しかし、ネットワーク外部性を大きくするためには、最も大きなネットワークに接続してしまうほうが簡単である。これはアルバート=ラズロ・バラバシ（Albert László Barabási）が示した優先選択の論理であり、大きなネットワークはより大きくなりやすくなり、ハブが生まれることになる。[15]

現実世界でこれを考えてみる際、一つの国家を一つのネットワークとして考えてみれば、小国は地域内で相互接続するよりも、できれば米国と直接つながってしまうほうが、効率が良い。したがって、多くの国が米国と直結する海底ケーブルを模索するようになる。

米国とアジアとの関係を見ると、アジア各国は域内で海底ケーブルをつなぐこともするが、各国が米国との間で直結する海底ケーブルを求めるようになる。米国と最初につながったアジアの国は日本だが、中国は日本を経由しない海底ケーブルを求め、実際に接続することに成功した。東南アジアの国同士でメッセージを送る場合でもいったん米国を経由したほうが速い場合もある。

海底ケーブルの敷設は、前節で見たように、事業者の判断で決まることが多い。しかし、陸揚げの審査にあたっては、政府が関与する余地が残っている。事業者からの申請にもとづいて政府がそのまま陸揚げを許可するわけではない。発展途上国や権威主義体制の国々では、政府が何らかの政治的な力を行使する可能性も残されている。そうした国々では、通信事業者が国営であったり独占であったりするからである。

したがって、海底ケーブルの敷設は、原則として民間の事業者同士が形成するプロジェ

15 バラバシ、前掲書。

クトだが、政治的な介入がまったくないわけではない。そこでは地理的な要素と政治的な要素が考慮されるという点で、地政学的な問題であるといえよう。

太平洋島嶼国・地域は、第二次世界大戦後、米国の影響力が強い地域になった。そのため、米国との政治的な関係が少なからず海底ケーブルの敷設にも影響してくることになる。以下、パラオを事例にそれを見ていこう。

4 第二次世界大戦中のパラオの海底ケーブル

歴史をさかのぼってみると、明治初期から日米間に海底ケーブルを敷設しようという動きはあった。そして、1905（明治38）年9月に日露戦争の講和条約が調印されると、同月、日本政府と、前章で登場したマッカイの「商業太平洋海底電信会社」との間に、東京―グアム間海底ケーブル敷設に関する通信協定が締結された。その際、日本本土から小笠原までは日本側が敷設し、小笠原からグアムまでは米国側が敷設することになった。グアムから先はミッドウェー、ホノルルを経由してサンフランシスコまでつながる。翌1906（明治39）年8月1日付けで、セオドア・ルーズベルト米大統領と明治天皇との間で祝賀電文のやりとりが行われた。[16]

パラオの近くまで歴史的に海底ケーブルが引かれた事例としては、大正時代のヤップ島がある。1916(大正5)年、ドイツが敷設し、第一次世界大戦後に日本が使うことになった上海－ヤップ間の海底ケーブルを沖縄沖で分断し、那覇－ヤップ線、およびヤップ－メナド(インドネシア)線が使えるようになった。[17]

その後、1940(昭和15)年になって、日本の南方委任統治領の諸島嶼間の通信確保の手段として海底ケーブルを使用することになり、敷設工事が行われた。1941年春にかけての工事で東京からサイパン島、テニアン島、トラック島まで延びる海底ケーブルがつくられた。しかし、この時はパラオまで届いていない。

パラオが外洋と海底ケーブルでつながるのは、1942(昭和17)年のことである。ヤップとメナドの間のケーブルをアウンガウル島南方で分断し、両線端をパラオに引き上げ、

---

16 石原藤夫『国際通信の日本史――植民地化解消へ苦闘の九十九年』東海大学出版会、1999年、156~157頁。花岡薫『国際電信事業論』交通経済社、1936年、201頁。KDD社史編纂委員会編纂『KDD社史』KDDIクリエイティブ、2001年、5~6頁。

17 日本電信電話公社海底線施設事務所編『海底線百年の歩み』電気通信協会、1971年、200頁。

ヤップ－パラオ線、パラオ－メナド線が敷設されることになった。それ以前のパラオ－ヤップ間の無線通信は米国にしばしば暗号を解読されたため、海底ケーブルを使うことになった。

しかし、せっかくつながった海底ケーブルも、戦争によってパラオの海軍通信隊、郵便局、南洋庁等の主要建物が破壊されたため、使えなくなった。[18] パラオ－メナド間の通信も、1944（昭和19）年5月には障害のため使えなくなった。[19] そして、日本の敗戦によって、パラオの海底ケーブル通信は、2017年に至るまで断絶することになった。

5 海底ケーブルという欠落したリンク

勝ち組と負け組の分かれ目

明治期の海底ケーブルは、1本のケーブルのなかに1〜4本の芯線が入っていたが、その伝送容量には自ずと制限があった。第二次世界大戦の混乱のさなかに多くの海底ケーブルが切断されたり、使えなくなったりし、さらに戦術的には無線通信、特に短波無線通信が重要になった。

近距離の電話用海底ケーブルとしては、東海大学の創設者である松前重義が1932年に無装荷ケーブルを発明し、通信品質の改善に成功した。また、1956年には海底中継器と同軸ケーブルを組み合わせた大洋横断ケーブルシステムが実用化され、64年には、日本からハワイ、ハワイから米国本土の電話回線も開通する。しかし、太平洋横断の同軸ケーブルでは、電話回線845回線が限界であった。テレビ中継等の大容量を必要とする伝送は1963年から実用化された人工衛星による通信に頼るしかなかった。

ところが、1980年代になると、光ファイバーを使った海底ケーブルが実用化された。これによって大容量の通信が大西洋や太平洋においても可能になった。そして、1990年代半ば以降にはインターネットの需要が急増し、電話による音声通信をデータ通信が上回るようになった。

光海底ケーブルに対する需要も増え続け、現在では何本もの光海底ケーブルが大洋を横断している。しかし、太平洋に浮かぶ島々のすべてにそうした光海底ケーブルがつなが

---

18 同、454〜455頁。
19 同、456頁。

ているわけではない。主要な島々の中では、2024年12月にツバルに海底ケーブル「セントラル・パシフィック・コネクト」の陸揚げが行われた。ナウルにも「島嶼国3か国の通信インフラを強化する日米豪連携事業」の一環として日本の無償資金協力が行われ、接続の準備が進められている。

インフラストラクチャにおける勝ち組と負け組の分かれ目は、第3節で見たように民間事業者の視点だけでは必ずしも十分に説明できない。そこには政治的な問題が介在している。政治的な問題とは、例えば、米領グアム島は、米領であることも大きいが、そこが軍事基地であるとともに、アジア太平洋地域の要衝であることから、かなり早い段階で海底ケーブルに接続されている。

さらに周囲のマーシャル諸島とミクロネシア連邦にも米国のミサイル防衛のための迎撃ミサイル基地があることから、光ファイバーでつながれている。人口の多いグアムには経済的な需要があるとしても、マーシャル諸島やミクロネシア連邦の島々に大きな経済的需要を見出すことはできない。軍事的な利用が光海底ケーブルをもたらした。

しかし、グアムから約1300キロメートル離れたパラオは、米国から経済援助を受け入れ、外交・安全保障政策を米国に委任するという自由連合盟約（コンパクト）を結びながらも、海底ケーブルはなかなか接続されなかったことは既に指摘した。

パラオでは、パラオ語だけでなく英語も公用語であり、ほとんどの人が英語を解する。通貨は米ドルであり、所得は太平洋島嶼国のなかでは高い方である。第二次世界大戦後の１９４７年に国際連合の委託を受け米国はパラオを信託統治下に入れたものの、核持ち込みをめぐって米国政府と対立し、93年に8回目の住民投票で米国との自由連合盟約を承認した。それを受けて、太平洋島嶼国においては最も遅く１９９４年に独立した。自由連合盟約によって安全保障・外交は米国に任せられており、パラオの若者はアフガニスタンやイラクでも従軍している。仮に、パラオが米国の軍事戦略上重要な拠点となっていれば、パラオにも光海底ケーブルが敷設されていてもおかしくなかった。

２０１７年の接続実現

見込みのないように見えたパラオの海底ケーブル敷設だが、２０１０年以降、急展開を見せた。２０１０年秋から地元の通信事業者ＰＮＣＣは海底ケーブル敷設のための調査を開始し、12月にはフィージビリティ・スタディを終えた。

パラオのジョンソン・トリビオン（Johnson Toribiong）大統領は海底ケーブル敷設を政権の最も重要な課題として位置づけており、２０１１年7月、そのためのタスクフォースを設置した。タスクフォースは大統領特別補佐官が議長となり、ＰＮＣＣのゼネラル・マネージャーや上下両院の議長などが参加した。
そのタスクフォースはミクロネシア連邦通信公社とヤップ島の知事と会い、カロリン・ケーブル・コンソーシアム（Caroline Cable Consortium）の設立について合意した。[20]
そして、２０１１年８月９日、ＰＮＣＣとミクロネシア連邦通信公社が覚書を取り交わし、共同で光海底ケーブルを調達・配置・管理・運用・維持することで合意した。これにはミクロネシア連邦通信公社が３分の１を出資、パラオが３分の２を出資する。ミクロネシア連邦通信公社にとっては、同連邦の島であるヤップ島にブロードバンドを提供できるメリットがある。さらに、２０１１年９月、トリビオン大統領は、ＰＩＦ（太平洋諸島フォーラム）が開催されている間にアジア開発銀行と世界銀行の幹部と会談し、海底ケーブルの購入・敷設について議論したと報じられた。[21]
同コンソーシアムは、新規に光海底ケーブルを敷設しようとしているのではない。グアム・フィリピン・ケーブル合弁会社（Guam-Philippines Cable Limited Partnership）が所有し、既にグアムとフィリピンのルソン（Luzon）島の間をつないでいる海底ケーブルを買い取り、それをパラオとヤップ島につなぎ直すことをねらっている。これは１９４２年に日本が行ったことと似ている。

費用は海底ケーブルの購入費用が500万ドル、ケーブルを利用可能な状態にする工事に3000万ドル、合計3500万ドルかかると見積もられていた。プロジェクト開始から13カ月で工事を完了させる見込みとされた[22]。

しかし、結局、トリビオン大統領の下で海底ケーブルの接続は実現しなかった。

2013年に就任したトミー・レメンゲサウ（Thomas Remengesau, Jr.）大統領は、関係機関との交渉をやり直す。そして、2014年から15年にかけて、世界銀行、アジア開発銀行、日本の総務省などに積極的に働きかけ、最終的には世界銀行の融資を受けることを決定し、2017年末に別のケーブルの支線をつなげる形でケーブル接続を実現した。

米国カリフォルニア州ロサンゼルスのハーモサ（Hermosa）・ビーチからSEA－US（South East Asia - United States）ケーブルは西に向かい、ハワイを経由し、グアムへ、そこからケーブルはさらに西に延び、途中で分岐してフィリピンのダバオとインドネシアのカウデ

20　Island Times, "Palau, Yap Sign up for Underwater Cable Service," 〈http://kshiro.wordpress.com/2011/08/14/palau-yap-sign-up-for-underwater-cable-service/〉, 2011.

21　Pacific Daily News, "Palau Seeks ADB, World Bank Help with Cable," Pacific Islands Report, 2011.

22　在パラオ日本国大使館「パラオ情勢（2011年8月）」〈http://www.palau.emb-japan.go.jp/politics_economy/jyouseiH2308_j.htm〉、2011年。Oceania Television Network, "Faster Internet Plans for FSM, Yap and Palau," 〈http://www.oceaniatv. net/on_otv/palaunews110812.html〉 2011.

イタン（Kauditan）へと陸揚げされる。その分岐の手前で支線が延び、ミクロネシアのヤップ島、そしてパラオのアルモノグイ（Ngeremlengui）に陸揚げされた。

6 中国への牽制という要素

本章では、パラオを例に、太平洋島嶼国のデジタル・デバイドを解消するために不可欠な海底ケーブルの問題を見てきた。太平洋島嶼国の多くは十分な需要が見込めず、地理的にも隔絶していることから、通信事業者が進んで海底ケーブルを敷設しようとはしない。しかし、政治的な理由が加われば十分な海底ケーブルがつながることもあるし、逆に政治的な理由で接続が確保されないこともある。

パラオの人口は1・8万人（2023年）であり、わずか1・8万人のために援助を考える必要があるかという疑念も当然あるだろう。水や食料に苦しむ人々や、環境問題、人権問題に比べれば、通信は贅沢な問題であるという指摘もその通りだろう。

世界的に見れば太平洋島嶼国の通信インフラストラクチャは極小かもしれない。しかし、当事者たちにとっては深刻である。グローバリゼーションが進んでいるといわれる現代社会において、高速な情報通信インフラストラクチャの欠如は、それに乗り遅れることを意味するからである。

乗り遅れたからといって生きていけないわけではないが、発展は望めなくなる。若い世代が教育の機会や就労の機会を求めて流出することにもなり、長期的に社会や文化の崩壊にもつながっていくだろう。

そう考えれば、海底ケーブルは長期的な生命線であり、短期的な問題と同じく、深刻な問題である。長期的な問題であるから先送りにできるというものではなく、早く対処することが問題の深刻化を回避することにつながる。様々な発展途上国の課題と同じく、情報通信インフラストラクチャの確保は喫緊の課題である。

そして、太平洋島嶼国の海底ケーブル問題は、2017年1月に米国でトランプ政権が成立し、米中対立が激しくなるにつれ、新たな局面を迎えることになった。それを象徴したのが、2020年10月28日、ベトナムで開催されたインド太平洋ビジネスフォーラムにおいて、日本の茂木敏充外務大臣、米国のマイク・ポンペオ（Mike Pompeo）国務長官、オーストラリアのマリス・ペイン（Marise Payne）外務大臣が並んで立ち、ビデオメッセージがオンラインに流されたことだ。

日米豪3カ国が協力するパラオ光海底ケーブルプロジェクトが、「インド太平洋におけるインフラ投資に関する三機関間パートナーシップ」の下で実施される最初のプロジェクトになることが発表された。[23] このとき、既にパラオには最初の海底ケーブルが接続されていた。いわば2本目の海底ケーブルなのだが、それを日米豪が支援し、そのために3カ国の外相が並んで立つという政治的なアピールをした。これは、太平洋島嶼国への関心を強める中国を牽制するためのものと受け止められた。

23　外務省「日米豪外相によるパラオ光海底ケーブルプロジェクトに係るビデオメッセージの放映について」外務省〈https://www.mofa.go.jp/mofaj/press/release/press4_008908.html〉、２０２０年10月28日（２０２４年11月10日アクセス）。

攻防
海底ケーブルの地政学

1　第二次世界大戦後の人工衛星と海底ケーブル

アイヴィーベル作戦

1957年にソビエト連邦が世界初の人工衛星スプートニクを打ち上げた。物体を宇宙空間に打ち上げるソ連のロケット技術は米国に多大な脅威として認識され、「スプートニク・ショック」と呼ばれた。人工衛星は軍事目的だけでなく、通信と放送にも使われている。その後、人工衛星は各国によって次々と打ち上げられ、人工衛星が主流の時代が訪れた。

しかし、必要なところでは同軸線を中心に入れた海底ケーブルも使われていた。ソ連はミサイル基地との通信のために、オホーツク海に海底ケーブルを沈め、通信を行っていた。その存在を察知した米国は、同軸線から漏れ出る微弱電波を記録するための装置を開発し、海底でソ連のケーブルにつけることに成功した。定期的に装置を回収すると、暗号化されていないソ連の海底ケーブル通信を復元することができ、米国のインテリジェンス活動に大きく役立った。[1]

このアイヴィーベル作戦は、実施していた米国国家安全保障局（ＮＳＡ）から情報がソ連側に漏れ、ソ連が装置を奪ってしまったため、中止された。

しかし、１９８０年代半ばまでの国際通信の主流の座は人工衛星に奪われていた。各国と国際機関（インテルサットやインマルサット＝INMARSAT）が次々と人工衛星を打ち上げ、国際電話の多くは人工衛星経由で行われた。

人工衛星にしばらく奪われていた国際通信の主役の座は、１９８０年代半ばに光ファイバーを芯に入れた光海底ケーブルが登場することによって海底ケーブルに戻った。光ファイバーが伝達する情報量は人工衛星よりも圧倒的に大きくなった。光海底ケーブルの想定耐用年数は20年あり、人工衛星と大差がない。人工衛星の軌道が有限資源であるのに対し、海底ケーブルの敷設ルートは、無限ではないにせよ、大幅な余裕があった。

光海底ケーブルは既存の同軸線の海底ケーブルから次々に置き換わり、現在では近距離・長距離を問わず、使われている。一定間隔で光信号を増幅するための中継器が入れら

1　Sherry Sontag and Christopher Drew, with Annette Lawrence Drew, *Blind Man's Bluff: The Untold Story of American Submarine Espionage*, Public Affairs, 1998.

れるが、中継器も技術改良が行われ、光海底ケーブルは安定した技術となった。

陸揚局のセキュリティ

信号が同軸の銅線を流れる電気信号から光ファイバーを流れる光信号に変わったことで、各国政府の通信傍受は難しくなった。アイヴィーベル作戦のように海底で装置を付けても、光信号は微弱電波を発しないためである。海底での傍受が技術的に困難になったため、各国政府は陸揚局あるいはその先の通信事業者設備内での傍受にシフトした。陸上に傍受拠点が移ったことで注目されるようになったのが、海底ケーブルの陸揚局のセキュリティである。

かつての海底ケーブルは国営事業者や政府の影響力の強い事業者によって敷設・保有されていた。しかし、１９８０年代中に英米で通信の自由化が始まると、各国でも民間の通信事業者が増加した。海底ケーブルも単独で敷設するのではなく、各国の事業者が入り交じってコンソーシアムを形成し、海底ケーブルを共同保有するケースが多くなった。

例えば、日米間の太平洋に海底ケーブルを敷設する場合、日本と米国の事業者が参画し、それぞれの国・地域の陸揚げ許可を政府から取得する。しかし、そのケーブルが中国や台湾に延長してつながる場合もあることから、そのケーブル・プロジェクトには中国や台湾の事業者が参画してくることもある。それぞれの出資比率に応じて所有権を持つ。

米国に陸揚げされる海底ケーブルの場合、多くは米国の事業者ないし企業が陸揚局の所有権や運営権を握っているだろう。米国政府はビル・クリントン政権時の１９９４年に「法執行のための通信支援法（ＣＡＬＥＡ）」を成立させている。これによって米国で事業を行う通信事業者は、米国政府からの通信傍受要請に応じる準備が義務づけられた。そこでＣＡＬＥＡや国家安全保障レター（National Security Letter）、外国情報監視法（ＦＩＳＡ）、ＵＳＡフリーダム法などにもとづいて傍受要請が出され、通信事業者はＮＳＡや米国連邦捜査局（ＦＢＩ）の求める通信を提供する。

スノーデンの暴露

しかし、こうした米国政府の活動は秘密裏に行われるため、実態が報じられることは少なかった。２００５年12月末に、当時のジョージ・Ｗ・ブッシュ政権がテロリスト対策として大規模な傍受を行っていることが『ニューヨーク・タイムズ』紙の報道によって暴露された。[2] これは２００８年の大統領選挙でも問題になった。当選したバラク・オバマ

（Barack Obama）大統領は、当初はこの措置の継続に否定的だったが、政権発足後はむしろブッシュ政権よりも活用するようになった。

ところが、2013年6月に、NSAの業務を請け負っていたエドワード・スノーデン（Edward Snowden）がNSAによる傍受の実態を記したトップシークレット文書を大量に暴露した。[3] そのなかで、NSAが海底ケーブルを監視していることをうかがわせるアップストリーム（UPSTREAM）と呼ばれる作戦名も明かされた。グーグルやマイクロソフトといった事業者からデータを入手するプリズム（PRISM）作戦と併用することが記されている。

オホーツク海でソ連の海底ケーブルに行ったような傍受は、同軸線の海底ケーブルでは可能だが、1980年代後半以降に使われるようになった光ファイバーの海底ケーブルでは不可能である。そのため、米国政府や英国政府は法的整備を行い、法律の下で通信事業者から直接データを取得する方向に切り替えている。それがあまりにも大量であり、かつテロやサイバー攻撃とは無関係の市民のデータが含まれていることを懸念し、スノーデンは暴露という形で告発を行った。

ブッシュ政権時の2001年9月11日の米同時多発テロにもとづいて成立したUSAパトリオット法が期限切れを迎えるなか、スノーデンの暴露が問題となり、2015年に代替のUSAフリーダム法が成立した。

注意すべきシステム

しかし、政府による傍受の実態は明らかになっていない。陸揚局には、端局装置（SLTE）や給電装置（PFE）、自家発電機、冷房設備などが所狭しと設置されている。複数の事業者が保有するケーブルであったり、ケーブルが複数陸揚げされたりしている場合には、各事業者が独自の設備を設置するスペースもある。ケーブルから上がってきた信号をそのまま陸上の別施設に送る場合もあれば、目的地別に仕分けして送信する場合もある。通信事業者が保有する陸揚局の内部でインテリジェンス機関が独自の活動を行うスペースはなく、何らかの方法で信号がそうした機関に送信されていると見るべきだろう。

注意しなければならないのは、傍受のポイントが海底から陸上へ移った以上、光ファイ

2　ジェームズ・ライゼン（伏見威蕃訳）『戦争大統領――CIAとブッシュ政権の秘密』毎日新聞社、2006年。

3　グレン・グリーンウォルド（田口俊樹、濱野大道、武藤陽生訳）『暴露――スノーデンが私に託したファイル』新潮社、2014年。

表5-1　各国の主要端局装置（SLTE）メーカー

国・地域	日本	米国	ヨーロッパ	中国
SLTEメーカー	NEC 三菱電機 富士通	Ciena Xtera Infinera	ASN Nexans	HMN

出所　三菱総合研究所調べ

バーを保護するために外装を施した光海底ケーブルを誰がつくるかよりも、陸揚局の装置やシステムを誰がつくるかという点である。表5－1は各国の主要なSLTEメーカーを示している。海底ケーブルという特殊な世界のメーカーであるため、日本のNEC、三菱電機、富士通を除けば、我々にはなじみのない外国メーカーが並んでいる。海底ケーブルを誰が敷設するかを検討する際、SLTEや陸揚局なども含めてシステム全体で考える必要がある。

政府による傍受は、米国政府だけが行っているわけではない。情報が公開されていることはほとんどないが、英国政府など他国の政府も行っていることが報じられている。民主主義体制の国々ばかりでなく、権威主義体制の国々でも当然行われていると見るべきだろう。権威主義体制の国々では、通信は監視システムであると同時に、場合によっては遮断対象にもなる。

いずれにせよ、近年の海底ケーブルの傍受は、海底ではなく、陸上で行われていると見るべきである。そして、それは各国の政府が単独で行い得るものでもなく、通信事業者の協力が不可欠である。海底ケーブルを流れる光信号は、そのままでは人間には理解できず、コンピュータでも処理できない。光信号をいったん電気信号に変換することで、コンピュータで処理できるようになる。光ファイバーの中を流れる光信号は多重化されており、第三者が簡単に傍受・操作できるものではない。各国の法制度（ないしは超法規的政治手段）によって通信事業者が傍受に協力させられているはずである。

海底ケーブルは、インテリジェンス活動という視点から見れば、重要な監視ポイントである。いわば通信の関所であり、陸揚局を起点に政府機関によって通信が傍受される可能性もある。[4]

米国ハワイ州のオアフ島には、NSAのクニア地域シギント工作センター（KRSOC）が置かれている。この施設はもともと第二次世界大戦後に海軍が使っていたものだが、[5]現

4　例えば、以下を参照。Geoff White, "Spy cable revealed: how telecoms firm worked with GCHQ," *Channel 4* 〈https://www.channel4.com/news/spy-cable-revealed-how-telecoms-firm-worked-with-gchq〉, November 20, 2014.

5　"History of NIOC Hawaii," U.S. Navy 〈https://www.public.navy.mil/fltfor/niochi/Pages/AboutUs.aspx〉, Publish Date Unknown.

在はＮＳＡが使っている。ハワイにこうした拠点が置かれているのは、米国本土とアジアとの間にハワイがあり、ハワイではアジアの言語を話す人をたくさん確保できるからである。ここで通信を傍受し、首都ワシントンＤＣに届けるという仕組みを海軍はつくった。この施設が第二次世界大戦後にＮＳＡによって使われるようになり、スノーデンはそこで米国政府の通信傍受活動に従事していたわけである。

2 標的としての海底ケーブル

２０１０年の米国防総省の「４年に一度の国防計画見直し（ＱＤＲ）」において、第４の作戦空間として宇宙、第５の作戦空間としてサイバースペースが取り上げられた。[6] しかし、サイバースペースは、陸、海、空、宇宙という自然空間とは違い、様々な機械によって構成される人工空間である。接続するためのパソコンや携帯電話といった端末、通信チャンネルとしての無線や有線ケーブル、その先にあるサーバーなどの記憶装置の集合体が、サイバースペースの実態である。

我々の生活は、インターネットだけではなく、インターネットに直接は接続されていないものの、同様の技術を使ったサイバースペースによって制御されるようになっている。例えば、道路の信号機を制御するためにコンピュータやケーブルが使われている。インターネットに直接はつながっていない制御システムによって、原子力発電所のような重要インフラストラクチャは動かされている。

サイバーセキュリティという場合、マルウェアやコンピュータ・ウイルスを使うことが想定されることが多いが、そうしたサイバーシステムを物理的に破壊するほうが容易で、被害が大きくなる場合もある。

日本のような島国では、国際通信の99%を海底ケーブルという物理的なインフラストラクチャに依存している。日本全国に大小十数カ所の陸揚局があり、そこから米国、韓国、中国、台湾といった諸外国や地域に海底ケーブルが接続されている。それがインターネットや国際電話といった通信の大動脈になっている。

海底ケーブルは防護対策が取られているものの、それなりの頻度で切れている。原因の内で最も多いのが漁業の44・4%である。底引き網などがケーブルを引っかけ、傷つけて

6　United States Department of Defense, Quadrennial Defense Review Report, United States Department of Defense 〈https://archive.defense.gov/qdr/QDR%20as%20of%2029JAN10%201600.pdf〉, February 2010.

しまう。二番目に多いのが原因不明で21・3％、船のアンカー（錨）が14・6％、ケーブルを構成する部品等の故障が7・2％、摩耗が3・7％、地質学的な問題が2・6％、海底資源等の掘削が0・9％、魚が噛んだことによる故障が0・5％、流氷が0・1％、その他が4・7％とされている。[7]

このデータは1959年から2006年までの2162件の破損事案について国際海底ケーブル保護委員会（ICPC）とタイコ・テレコミュニケーションズUS（Tyco Telecommunications US）社がまとめたもので、近年増えている意図的なケーブル破壊の事案は含まれていない。そうした意図的なケーブル破壊があったとすれば、原因不明の21・3％かその他の4・7％に含まれていることになる。

だが、歴史を見ると、海底ケーブルは、戦争やテロの際には切断される恐れがある。第一次世界大戦時の英国によるドイツのケーブル切断については既に言及した。2013年にはエジプト沖で海底ケーブルを切断しようとしていた3人が現行犯で捕まっている。[8] 2015年に米国の『ニューヨーク・タイムズ』紙は、ロシアのスパイ船や潜水艦が米国沖で海底ケーブルを探っているという記事を載せた。[9] CNNは、ロシア海軍の船ヤンター号には海中で工作活動をできる無人機が備えられており、海底でケーブルを切る可能性について報じた。[10] 2019年11月に、ヤンターはカリブ海域にいるところを目撃されている。[11]

米国海軍のジェームズ・スタブリディス（James Stavridis）提督（退役）は、ロシアだけでなく、「中国の次の海の標的はインターネットの海底ケーブル」だと警告している。[12]

7　Tom Calver, Jack Clover, Michael Keith, Ryan Watts and Venetia Menzies, "How We Rely on a Fragile Network of Undersea Cables: Essential Infrastructure is at Risk from Natural Disaster, International Sabotage, and Careless Fishermen," *The Sunday Times*, October 29, 2022（accessed on December 31, 2024）.

8　Charles Arthur, "Undersea Internet Cables off Egypt Disrupted as Navy Arrests Three," *Guardian* 〈https://www.theguardian.com/technology/2013/mar/28/egypt-undersea-cable-arrests〉, March 28, 2013.

9　David E. Sanger and Eric Schmitt, "Russian Ships Near Data Cables Are Too Close for U.S. Comfort," *New York Times* 〈https://www.nytimes.com/2015/10/26/world/europe/russian-presence-near-undersea-cables-concerns-us.html〉, October 25, 2015.

10　Douglas Rushkoff, "Russia, the Internet and a new way to wage war?" CNN 〈https://edition.cnn.com/2015/10/28/opinions/rushkoff-internet-cables-russia/index.html〉, October 29, 2015.

11　H. I. Sutton, "Russia's Suspected Internet Cable Spy Ship Appears Off Americas," *Forbes* 〈https://www.forbes.com/sites/hisutton/2019/11/10/russias-suspected-internet-cable-spy-ship-appears-off-americas/#790887lf42d5〉, November 10, 2019.

12　James Stavridis, "China's Next Naval Target Is the Internet's Underwater Cables," *Bloomberg* 〈https://www.bloomberg.com/opinion/articles/2019-04-09/china-spying-the-internet-s-underwater-cables-are-next〉, April 9, 2019.

中国は、一方では一帯一路構想によって海底ケーブルを世界各地に広げようとしている。他方、非常時には海底ケーブルを切断・破壊する可能性もある。例えば、台湾は東アジアにあって海底ケーブルのルートでは重要な役割を果たしている。しかし、台湾の海底ケーブルを戦略的に切断し、中国とつながるケーブルだけを残すことができれば、中国は簡単に台湾の情報を操作することができるだろう。

そうした懸念が高まるなか、２０２３年２月、馬祖列島と台湾本島を結ぶ海底ケーブルが切断され、中国船の関与が疑われた。[13] 意図的に切断されたのか、単なる事故なのか、はっきりしないものの、海底ケーブルが実際につながらなくなれば、馬祖の人々は通信ができないことがはっきりした。

3 中国と海底ケーブル戦略

アフリカ西岸のカメルーンのクリビ（Kribi）は、ギニア湾に面する港湾都市である。そこから出た海底ケーブル、南大西洋インターリンク（South Atlantic Inter Link：ＳＡＩＬ）は、赤道とほぼ並行しながら大西洋を５９００キロメートル横断してブラジルの第五の都市フ

図5-1　SAILケーブル

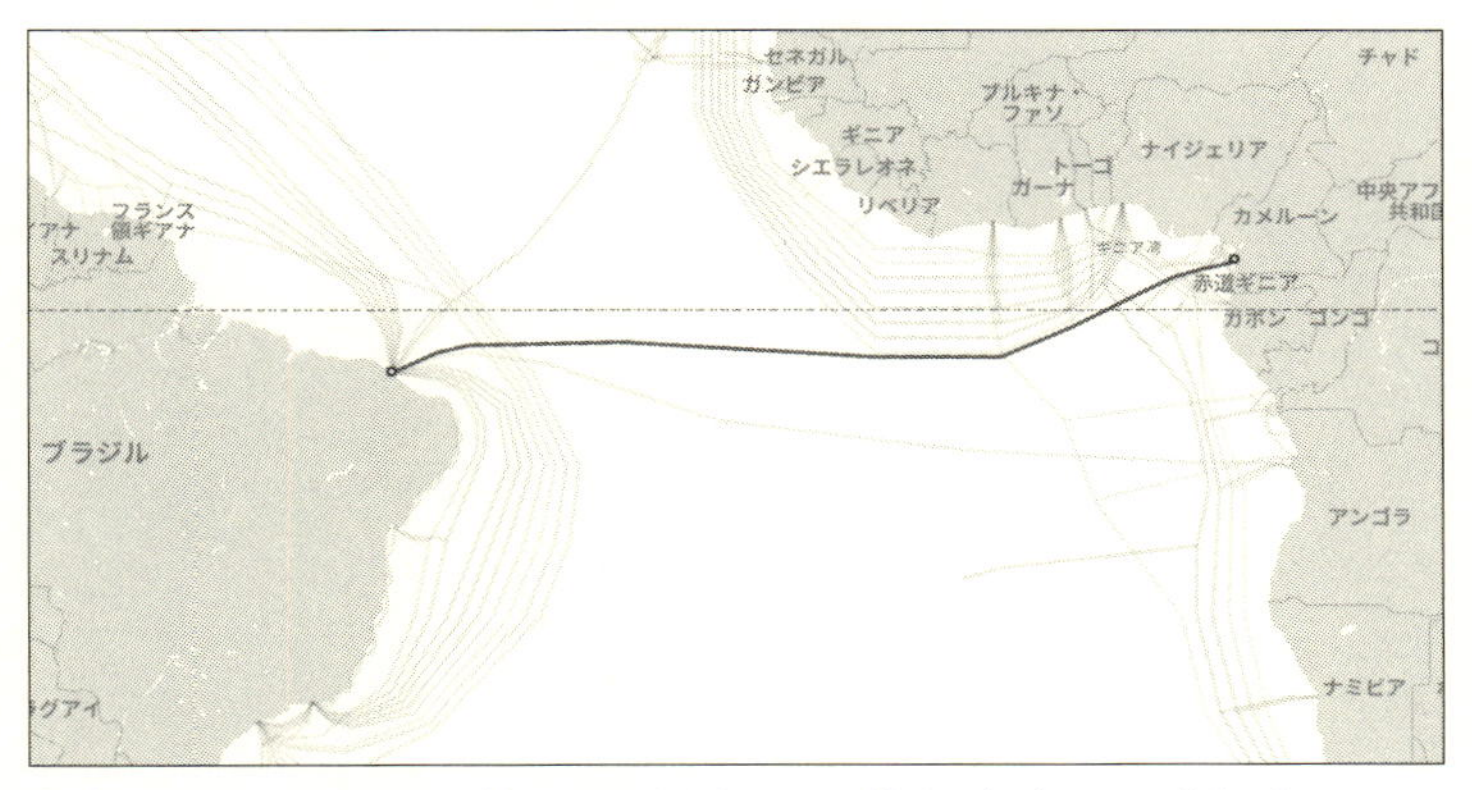

出所　https://www.submarinecablemap.com/#/submarine-cable/south-atlantic-inter-link-sail

オルタレザ（Fortaleza）へつながっている。

この海底ケーブルの所有者は、接続されている一方の当事国カメルーンのカムテル（Camtel）と、そしてなぜか中国の中国聯通（China Unicom）である。単に2地点間をつないでいるＳＡＩＬケーブルは、中国には接続されていない。中国につながるには、南米大陸を横断して太平洋を経由するか、アフリカ大陸を横断してインド洋、マラッカ海峡、南シナ海を経由していくしかない。なぜ中国聯通はここに海底ケーブルをつないだのだろうか。

中国の海底ケーブルは、アフリカ沿岸で他にも見られる。例えば、ＳＡＦＥ（South Africa Far East）ケーブルである。この海底ケーブルの陸揚げポイントは、モーリシャス、インド、南アフリカ、インド洋上のフランス海外県であるレユニオン、中国に最も近いところではマレーシアのペナンである。

中国領にはまったく陸揚げされないにもかかわらず、中国電信が参加している。といっても、このケーブルには各国から30社も参加しており、中国電信はそのうちの1社でしかない。他にも米国や英国、オーストラリア、韓国、イタリア、スペインなど、陸揚げ地点を持たない国の通信事業者も参加している。

このＳＡＦＥケーブルは、東南アジアおよびインドから、南アフリカへのルートを確保し、それぞれの先から別のケーブルに接続することで各国にまでつながっており、安い接続料を確保するために各社が出資したと見るべきだろう。

中国は、ＳＡＩＬケーブルの次は、南米チリと中国の間をつなぐ太平洋横断ケーブルを構想していたとされる。しかし、２０２０年7月、チリ政府は中国の代わりに日本のＮＥＣによってニュージーランドとオーストラリアを経由して日本とつなぐケーブル構想を選んだと報じられた[14]。

4 チーム・テレコムの登場

ファーウェイへの懸念

2012年11月、ソフトバンクが米国の携帯通信サービス事業者スプリントを買収しようとしていたとき、「チーム・テレコム」という名前が新聞に出た。「賑わした」というほどではなく、多くの人々はとくに問題視しなかっただろう。

当時の米国の報道を見ると、米国政府内で国家安全保障を懸念する担当者がソフトバンクと合意を交わし、スプリントがどのような機材やシステムを使うのかを監視できるようにするとある。中国製の製品、特にファーウェイ製品を懸念していたようだ。議会下院情

13 鈴木隆弘「海底ケーブル切断で電話やネット遮断、中国船関与か…台湾本島で同様の事態懸念」『読売新聞（電子版）』2023年3月3日。
14 「チリー豪の光海底ケーブル、日本案採用　脱・中国依存へ」『日本経済新聞』2020年7月29日付。

報委員会のマイク・ロジャース（Mike Rodgers）委員長との面談でも、ファーウェイ製品を使わないと両企業は約束したとされる。

買収に際し、国家安全保障上の検討が行われた。チーム・テレコムは司法省が主導し、FBI、国土安全保障省、国防総省を含む省庁間連携組織である。通信を所管する連邦通信委員会（FCC）や外交を担う国務省は、直接のチームメンバーではないようだ。しかし、チームはアドホックな存在で、この時点ではまだ法律にもとづく正式なものではなかった。

ファーウェイの最高財務責任者の孟晩舟がカナダのバンクーバーで逮捕される6年前の話である。

チーム・テレコムと並んでよく話題になるのが、対米外国投資委員会（CFIUS）である。[15] こちらは財務省主導で、通信分野に限っているわけではない。大統領令にもとづく組織なので、チーム・テレコムよりもフォーマルな存在である。

両者は重なる部分もあるものの、別組織として動いている。何か通信関連で問題がありそうな案件があると、CFIUSとチーム・テレコムが別々に審査を行う。

なぜチーム・テレコムが国家安全保障上の懸念を持つのか。それは、犯罪者やテロリストを追跡するうえで携帯電話のデータがきわめて重要になる一方で、米国の携帯電話会社に外資が次々と参入してきたからである。

AT&Tには2004年まで日本のNTTドコモが出資をしていた（現在は撤退）。ベライゾンにはヨーロッパのボーダフォンが入っていた（こちらも撤退）、業界第3位のTモバイルにはドイツ・テレコムが入り、第4位のスプリントを日本のソフトバンクが買収した。日欧の友好国の企業とはいえ、非常時に外国資本が米国政府の言うことを聞いてくれるのか。ここがチーム・テレコムの最大の懸念である。とはいえ、これまではいったん買収協議に待ったをかけ、企業側と話し合ったうえで買収を認めるというのがパターンだった。

PLCN事件

ところが、トランプ政権が成立し、2017年に入ると、チームは方針を変更したようだ。それが顕著に表れたのが、米国西海岸ロサンゼルスと香港の間を結ぶはずだった海底ケーブル、パシフィック・ライト・ケーブル・ネットワーク（PLCN）である。

15　渡井理佳子『経済安全保障と対内直接投資——アメリカにおける規制の変遷と日本の動向』信山社、2023年。

従来の海底ケーブルはAT&TやKDDIといった各国の通信キャリアが敷設し、顧客のデータを伝送していた。ところが、最近では、オーバー・ザ・トップ（Over the Top：OTT）と呼ばれるコンテンツを扱うプラットフォーマーが参入してきた。その代表が、グーグルやフェイスブック（現メタ）である。

彼らは通信キャリアの海底ケーブルを使わせてもらう側だったが、自分たちのユーザーがより速い通信を求めていることから、自ら海底ケーブルを敷設・保有することによって少しでも速い通信を確保し、ユーザーの引き留めに熱心になった。

PLCNは、グーグルとフェイスブックが20％ずつ、そして中国の不動産業界有力者・韋俊康の会社パシフィック・ライト・データ・コミュニケーションが60％を保有する3社プロジェクトだった。

韋は中国本土・山西省の鉄鋼ビジネスで成功し、北京の不動産でも成功する。しかし、そこで飽き足らず、新たなビジネスとして通信に参入しようとした。しかし、中国企業が過半を占める海底ケーブル・プロジェクトにチーム・テレコムが反応し、2017年から審査が始まる。

すると、韋はプロジェクトの持ち分のほとんどを、別の中国系企業・鵬博士電信伝媒集団（ドクター・ペン・テレコム&メディア）に売ってしまう。鵬博士電信伝媒は1985年に設立され、北京に本社を置く中国で4番目の通信企業である。4万人の従業員を抱え、通信、メディア、そして監視システムを扱っている。中国政府と密接な関係を持っているとチーム・テレコムは見ていた。

PLCNの件でチーム・テレコムをさらに刺激したのは、2014年に鵬博士電信伝媒集団がファーウェイと戦略的協力協定を結び、クラウド・コンピューティング、人工知能（AI）、5Gで協力していたことである。さらに、香港での大規模な民主化デモも影響した。比較的安全なケーブルの陸揚げ地点とされてきた香港で発生したデモを、香港政府と中国政府が力ずくで抑えつけようとしていることが問題視された。[16]

結局、2020年6月、米国政府はPLCNの香港接続を止めた。そのうえで、ほとんどできているケーブルの陸揚げ先としてフィリピンと台湾を承認した。香港との接続を認めない理由について「米国の通信データが中国に収集される」と安全保障上の懸念を挙げた。[17]

米国と香港で海底ケーブルをつなげば、米国側で米国政府が米国の事業者の協力を得て

16 土屋大洋「インターネット通信網に米中対立の影」『日本経済新聞』2020年3月25日付。
17 「米、海底ケーブルの香港接続『待った』 中国の統制警戒」『日本経済新聞』2020年6月19日付。

データを収集することができる。同じことが香港側で香港政府および中国政府によってもできることになる。PLCNの所有者がグーグルとフェイスブックとなれば、両社のサービスを使う米国人の個人データが中国政府によって取得される可能性がある。この点が問題になった。

とはいえ、既に米国と中国の間では複数の海底ケーブルが接続されており、PLCNだけを止めてもほとんど意味はない。グーグルとフェイスブックが香港とつなぐことに関心を持ったのは、両社が今のところ参入を認められていない中国市場をにらんだものと見てよいだろう。それをわざわざ止める米国政府の意図は、政治的なものであろう。

なお、チーム・テレコムは法律にもとづく正式な組織ではなかったが、2020年4月にトランプ大統領の大統領令13913によって正式な組織になった。[18] しかし、通信所管の連邦通信委員会（FCC）や外交を担う国務省は直接のメンバーではない。

ロシアの海底破壊工作

2024年9月、米メディアCNNが、「ロシアによる『破壊工作』のリスク高まる、主要な海底ケーブルが標的と米当局者」と報じた。[19] 米国政府の当局者2名がCNNに明らかにしたことにもとづく独占報道だという。

米国政府は、「ロシアが主要な海底ケーブル周辺での軍事活動を増強していることを突き止め、今や破壊工作に踏み切る公算が大きいと認識している」という。ロシア海軍には深海調査総局（ＧＵＧＩ）という部隊があり、水上艦、潜水艦、無人艇が配備されている。日本語では「海軍水路部、ロシア連邦国防省航行・海洋局」という別称もあるようだ。日本の外務省のウェブページでは「輸出等に係る禁止措置の対象となるロシア連邦の特定団体」の一つとして指定されている。[20] ＧＵＧＩはロシアの旧都サンクトペテルブルクのヴァシリエフスキー島に位置するという。

---

18 Federal Register, "Executive Order 13913 of April 4, 2020: Establishing the Committee for the Assessment of Foreign Participation in the United States Telecommunications Services Sector," Federal Register 〈https://www.govinfo.gov/content/pkg/FR-2020-04-08/pdf/2020-07530.pdf〉, 2020 (accessed 2021-02-07).

19 「ロシアによる『破壊工作』のリスク高まる、主要な海底ケーブルが標的と米当局者 CNN EXCLUSIVE」CNN 〈https://www.cnn.co.jp/usa/35223662.html〉、２０２４年９月７日（２０２４年9月8日アクセス）。

20 外務省「輸出等に係る禁止措置の対象となるロシア連邦の特定団体」外務省〈https://www.mofa.go.jp/mofaj/files/100366224.pdf〉、掲載日不明（２０２４年9月8日アクセス）。

CNNの取材に応じた米国政府の当局者は、ロシア海軍が「主にGUGIを通じ、海底での破壊工作に向けた海軍力の増強を続けている」という。米国は定期的にロシア軍の艦船を追跡しており、これらの艦船が重要な海洋インフラ、海底ケーブルの近くを巡回しているとも指摘している。さらに、2023年4月にNATO（北大西洋条約機構）の巡視船でロシア海軍の活動を追跡した司令官らは、CNNに対し、そうした活動が近年バルト海の海底ケーブルで増加していると語ったという。

バルト海での切断事件

そして、ついに2024年11月、バルト海の海底ケーブルが2本切断される事件が起こった。現地時間11月17日午前10時頃、リトアニアとスウェーデンを結ぶBCSイースト・ウエスト・インターリンクというケーブルが切れ、18日午前4時頃、フィンランドとドイツをつなぐCライオン1が切れた。

BCSイースト・ウエスト・インターリンクは1997年11月にサービスを始めており、27年経過した古いケーブルである。218キロメートルでそれほど長くはない。スウェーデンの通信会社アレリオン（Arelion）がオーナーである。バルト海で最大の島であるスウエーデンのゴットランド島と対岸のリトアニアの観光地シュヴェントジ（Šventoji）を結んでいる。ゴットランド島はスウェーデン側につながるケーブルが他に3本あるため、台湾の馬祖のような混乱は見られなかった。

Cライオン1は2016年3月にサービス開始と比較的新しい。長さは1172キロメートルである。オーナーはフィンランドのIT企業シニア・オイ（Cinia Oy）である。フィンランドの首都ヘルシンキと港湾都市のハンコ（Hanko）からドイツの港湾都市ロストック（Rostock）を結んでいる。フィンランドもドイツも他に海底ケーブルを持つとともに陸線もあることから、このケーブルが切れたことによる大きなトラブルは発生していない。

しかし、すぐさまドイツのボリス・ピストリウス（Boris Pistorius）国防相は、「これらのケーブルが事故で切断されたとは誰も考えていない」と指摘し、スウェーデン検察は19日、破壊行為が疑われる事案への予備捜査に着手すると表明した。20日にはフィンランド国家捜査局が、器物損壊や通信妨害の疑いで刑事捜査を開始すると発表した。これに対しロシア大統領府は20日、「あらゆる出来事について何の根拠もなくロシアを非難し続けるのはばかげている」と述べた。[21]

伊鵬3号への疑惑

こうした非難合戦の背景で注目されていたのが、「伊鵬3（Yi Peng 3）号」と名づけられた中国船籍の貨物船である。この船はロシアの港ウスチルガ（Ust-Luga）に停泊した後、バルト海を抜け、問題の海底ケーブル上を横切った。そして、バルト海の出口に向かっていたところでデンマーク海軍に止められた。[22]

この船について様々な情報が飛び交ったが、中国船でありながら、船長がロシア人ではないかという情報があり、ますます疑惑を深めた。

伊鵬3号は全長225メートルもある巨大なばら積み貨物船である。この船は自動船舶識別装置（AIS）をオンにしたままバルト海を航行したので、その航跡は多くの人によって追跡された。

モーターシップ・スウッコII（Motorship Suukko II）というフィンランドのYouTubeチャンネルでは、伊鵬3号の航跡をトレースし、おそらく錨を海底に落としたために9ノット以上出ていたスピードがガクッと6ノット台に下がっていることを指摘している。海図と合わせてみれば、海底ケーブル近くでそれが起こったと指摘している。[23]

ただし、これだけでは伊鵬３号がケーブルを切断したとは断言できないだろう。伊鵬３号に乗り込み、錨を確認し、そこに海底ケーブルの外装に使われるポリエチレンでも付着していれば有力な物的証拠になるが、そうしたものも時間が経てば海水で流れてしまうかもしれない。海底で起こったことを証明するのはきわめて難しい。その点で攻撃者側に有利だといわざるを得ない。

伊鵬３号は２０２４年12月半ばを過ぎてもデンマークのカテガット海峡で周りを被害国

---

21 「事故か破壊工作か？　バルト海の海底ケーブル切断、欧米当局者の見解割れる」ＣＮＮ〈https://www.cnn.co.jp/world/35226402.html〉２０２４年11月21日（２０２４年11月25日アクセス）。Melissa Eddy and Johanna Lemola, “Severing of Baltic Sea Cables Was ‘Sabotage,’ Germany Says,” *New York Times* 〈https://www.nytimes.com/2024/11/19/business/finland-germany-cable-baltic-sea.html〉, November 19, 2024 (accessed on November 25, 2024).

22 Mariusz Marszałkowski, “Danish Navy Stopped a Chinese Ship Suspected of Damaging Undersea Cables,” Defence24.com〈https://defence24.com/armed-forces/danish-navy-stopped-a-chinese-ship-suspected-of-damaging-undersea-cables〉, November 20, 2024 (accessed on November 25, 2024).

23 Motorship Suukko II, “Close investigation on the track of Yi Peng 3. Anchor was dragged 400 km under the surface,” YouTube 〈https://www.youtube.com/watch?v=DL1-DRubn18〉, November 22, 2024 (accessed on November 25, 2024).

の船に囲まれたまましばらく留め置かれた。11月からスウェーデン、フィンランド、リトアニアの共同調査チーム（Joint Investigation Team：JIT）が捜査を始め、JITはスウェーデンの組織犯罪対策国家ユニット（National Unit against Organized Crime）のヘンリック・セーダーマン（Henrik Söderman）上級検察官が指揮した。そして、12月半ばから中国当局が伊鵬3号に乗り込み調査を始めた。スウェーデン当局はその調査にオブザーバーとして招かれ、乗船したという。[24] その後、デンマーク、ドイツ、フィンランドの当局による乗船を受けたものの、伊鵬3号は12月21日に出航した。[25]

仮に伊鵬3号がケーブルを切断したとして、その意図は何なのか。なぜ伊鵬3号はロシアのウスチルガに行ったのか。純粋な貿易のためなのか、別の目的があったのか。ロシア人とされる船長は何者なのか。

ロシアが通常行うサイバー攻撃は、必ずしも証拠を隠さない。訴追できるほどの証拠は残さないとしても、ロシアがサイバー攻撃の首謀者であることを匂わせることが多い。政治的なデモンストレーション効果を狙っているからだ。そうしたやり方と今回の海底ケーブル切断は似ていなくもない。ロシアがそうしたことをできるというだけで政治的なデモンストレーション効果がある。

折しも、NATO諸国がウクライナへの軍事支援を高めているときでもあったので、ロシアとしては一種の政治的なシグナルとしてこうした破壊行為を行ったのかもしれない。

伊鵬3号が出航すると、次の海底ケーブル切断がまたもやバルト海で行われた。2024年12月25日、フィンランドとエストニアを結ぶバルト海の海底ケーブルが損傷しているのが見つかった。すぐにフィンランド当局は、南太平洋のクック諸島船籍のタンカー「イーグルS号」がケーブルを損傷させた疑いがあるとして捜査を始めた。フィンランドの排他的経済水域において電力ケーブルと3本の通信ケーブルが切断されたという。

ところが、ロイター通信などによれば、イーグルS号は、ロシアから原油を運び出し、2022年から始まったウクライナ戦争に関連してロシアが欧米に科された制裁を回避するための船団「影の艦隊」の一部だと見られると報じた。[26]

24　Nyhet Från, “Observer Role for Police on Chinese Vessel,” Polisen 〈https://polisen.se/aktuellt/nyheter/nationell/2024/december/observer-role-for-police-on-chinese-vessel/〉, December 19, 2024.
25　「エストニア、海底ケーブル警護に海軍派遣　NATOはバルト海の警備強化」BBC〈https://www.bbc.com/japanese/articles/clyke1eklrjo〉、2024年12月28日（2024年12月30日アクセス）。
26　フジテレビ国際取材部「バルト海で海底ケーブル切断　フィンランド当局が捜査を開始　ロシアの制裁逃れとの見方も」FNNプライムオンライン〈https://www.fnn.jp/articles/-/808600〉、2024年12月27日（2024年12月29日アクセス）。

12月26日、フィンランド警察は、イーグルS号を停泊させた後、フィンランド領海まで移動させた。同日に捜査を開始したという。フィンランドのアレクサンデル・ストゥブ（Alexander Stubb）大統領は26日、自身のXで「ロシアの『影の艦隊』がもたらすリスクに対抗しなければならない」と述べた。

エストニアのクリステン・ミハル（Kristen Michal）首相は26日に記者会見を開き、「偶発的なものとは考えにくい」と述べ、[27]北大西洋条約機構（NATO）のマルク・ルッテ（Mark Rutte）事務総長とこの問題を協議し、「重要なインフラの保護には多くの措置をとる必要がある」と話した。[28]ルッテ事務総長は、翌日、Xでの投稿で、「バルト海での軍事プレゼンスを強化する」と表明した。

電力用の海底ケーブル「エストリンク2（Estlink2）」を切断されたエストニアは、同日、もう1本の稼働中の電力用の海底ケーブル「エストリンク1（Estlink1）」を守るため、海軍による作戦行動を開始した。同国のマルグス・ツァフクナ（Margus Tsahkna）外相はXへの投稿で「重要インフラを脅かされれば対抗措置をとる」と警告した。[29]また、「海底インフラの損傷はより組織的に行われており、攻撃とみなさなければならない」とも述べた。[30]

エストニアの電力供給は、全長170キロメートルの「エストリンク2」ケーブルの破損を受けて、大幅に減少した。フィンランドの国営送電会社フィングリッドは26日に破損状況を点検した結果、ケーブルの修理は2025年7月末までかかる可能性があるという初期評価を明らかにした。そして、フィンランド国境警備隊の副長官が記者会見で「我々の警備艇が現場に向かい、船の錨がなくなっていることを目視で確認した」と述べた。[31]

12月29日、フィンランド国家捜査局は、イーグルS号の錨が海底ケーブルを引きずった痕跡が見つかったと発表した。捜査局は声明で、「潜水作業により、海底で引きずられた跡を始まりから終わりまで特定できた」と説明し、痕跡は「数十キロの長さ」に及ぶとしている。[32]

27 蒔田一彦「ロシアの「影の船団」関与、バルト海でまた海底ケーブル損傷…クック諸島船籍のタンカーを捜査」『読売新聞』2024年12月27日電子版（2024年12月30日アクセス）。
28 森岡みづほ「バルト海の海底ケーブル切断か フィンランドがロシア関連船舶を捜査」『朝日新聞』2024年12月27日電子版（2024年12月30日アクセス）。
29 黒瀬悦成「NATO、バルト海でプレゼンス強化へ 海底ケーブル破壊工作疑いの露「影の船団」に対抗」『産経新聞』2024年12月28日電子版（2024年12月30日アクセス）。
30 宮川裕章「バルト海ケーブル損傷 NATOが警戒を強化 「影の船団」が破壊か」『毎日新聞』2024年12月28日電子版（2024年12月30日アクセス）。
31 「エストニア、海底ケーブル警護に海軍派遣 NATOはバルト海の警備強化」BBC〈https://www.bbc.com/japanese/articles/clyke1eklrjo〉、2024年12月28日（2024年12月30日アクセス）。

そして、2025年1月3日、今度は台湾近海で台湾の海底ケーブル切断が行われた。行ったと見られる船はカメルーン船籍ながら、船主は香港籍であり、船員7人は全員中国籍であると見られる。

2月13日、ドイツのミュンヘンで開かれたミュンヘンサイバーセキュリティ会議（MCSC）[33]において登壇した台湾のオードリー・タン（Audrey Tang）数位発展部前部長は、台湾近海の海底ケーブル切断はピンポイントで行われており、「アクシデンタリーに何度も」錨が落とされていると述べた。状況はバルト海と同じであり、物理的にインフラが破壊されているため、人工衛星によるバックアップを整えているという。

さらに、2月25日、台湾の沿岸警備を担当する海巡署は、トーゴ船籍の貨物船が台湾南部の海域で22日から25日未明までの間に、台湾本島と台湾海峡に位置する澎湖諸島を結ぶ海底ケーブルを損傷させた疑いがあり、捜査していると発表した。海巡署が台湾の通信会社からの通報を受けて現場の海域に到着したところ、貨物船が錨を下ろしていたことなどから台湾南部の港に移動させた。8人の乗組員全員が中国人であった。

5 グレーゾーン事態における海底ケーブル切断

バルト海と台湾での一連のケーブル切断に先立つ２０２４年９月、日米豪印によるＱＵＡＤの首脳会談が米国ワシントンＤＣで開かれた。その首脳声明では、インターネットの命綱ともいえる海底ケーブルの防護を行うと宣言した。一連のケーブル切断が意図的なものだとすれば、ＱＵＡＤ首脳に対するある種の挑発的対応と見ることもできるだろう。

２０２４年12月25日のクリスマスの日にバルト海で別の海底ケーブル切断が行われたが、ロシア正教ではクリスマスは12月25日ではなく1月7日である。そのため、12月25日というＮＡＴＯ加盟国の多くがクリスマスを祝う日にケーブルを切断するのも、ある種の

32 Kati Pohjanpalo「タンカーのいかりが海底ケーブル損傷、痕跡を確認――フィンランド」Bloomberg〈https://www.bloomberg.co.jp/news/articles/2024-12-30/SPA1N8T1UM0W00〉、２０２４年12月30日（２０２４年12月31日アクセス）。

33 ミュンヘン安全保障会議（ＭＳＣ）に先んじて開かれるサイバーセキュリティに特化した会議。２０２５年は2月13日と14日にミュンヘン市内の商工会議所で開催された。

挑発行為と見ることもできる。

しかし、2025年1月19日付けの米『ワシントン・ポスト』紙の報道によれば[34]、これらのケーブル切断は事故であり、ロシアによる破壊行為（sabotage）ではないと米国のインテリジェンス機関が見ているという。その記事の冒頭部分は概略、以下のように書かれている。

ここ数カ月、欧州の安全保障担当者を慌てさせた海底ケーブルの断裂は、米国と欧州のインテリジェンス担当者によれば、ロシアの破壊行為ではなく海洋事故の結果だろう。

重要な海底のエネルギーと通信のケーブルが断ち切られた一連の事案を調査している三カ国の高官によれば、この判定は、米欧の安全保障機関で形成されつつあるコンセンサスを反映している。

海底ケーブル事業に関わる事業者からすれば、事故と呼ぶにはあまりにずさんな操船にもかかわらず、それを事故と呼ぶのはなぜだろうか。

2024年11月のバルト海のケーブル切断に関与したと見られる伊鵬3号を最初に停船

させたのはデンマーク海軍である。デンマークのコペンハーゲンの学術関係者は、一次情報を持ち合わせてはいないとしながらも、あまりに連続して起こっている相関関係を考えると、事故と判断するのはにわかには信じがたいと筆者のヒアリングに対して答えた。[35]

これらのケーブル切断の状況証拠は揃っているが、現行犯でそれぞれの船舶を押さえているわけではない。また、それぞれのケーブル切断は、フィンランドが船を拿捕した一件を除き、おそらく意図的に排他的経済水域（ＥＥＺ）で行われており、バルト海沿岸国の領海内では行われていない。そのため、各国が直接的にケーブル切断を行ったと見られる船舶を拘束し、訴追まで持っていくのは難しい。実際、伊鵬3号はしばらく各国の海軍・沿岸警備隊に囲まれ、停船を命じられていたが、後にバルト海から出て行くことが許された。

仮に伊鵬3号や他の船舶を拘束し、これが海底ケーブルという重要インフラに対する外

34 Greg Miller, Robyn Dixon, and Isaac Stanley-Becker, „Accidents, not Russian sabotage, behind undersea cable damage, officials say,” Washington Post 〈https://www.washingtonpost.com/world/2025/01/19/russia-baltic-undersea-cables-accidents-sabotage/〉, January 19, 2025 (accessed on February 16, 2025).

35 ２０２５年2月11日、コペンハーゲンでの聞き取りによる。

国の武力攻撃だと見なせば、ケーブルを保有する電力事業者・通信事業者が拠点を置く国々は対抗措置を取ることができる。しかし、軍や政府が直接的に保有する艦艇ではなく、民間船が行ったケーブル破壊に対してバルト海沿岸国が軍事的な対抗措置を取るのは難しい。せいぜい船の所有者や運航会社に対して訴訟を起こすか、経済制裁を科すぐらいであろう。

何よりもこの問題に過剰に反応すれば、NATO加盟国と中国・ロシアとの間での軍事的緊張をエスカレートさせることになる。米国やNATO加盟国は、ウクライナを様々な形で支援しながらも、ロシアと直接的な交戦をすることを避けてきた。ウクライナがNATO加盟国ではないので、集団安全保障を発動することができないこともあるが、NATO対ロシアの全面戦争になることへの躊躇があるからである。

米欧の政府が今回のケーブル切断を破壊行為ではなく事故と判断するのは、仮に中露によるハイブリッド戦の一環、あるいは何らかの政治的・軍事的な意図を持った挑発行為だったとしても、エスカレーションを避けるという判断を反映したものかもしれない。同様に、台湾周辺で見られた海底ケーブル切断もまた、台湾軍や米軍の直接的な軍事的反応を引き起こしてはいない。

仮に、破壊行為と認定した場合、NATO諸国や台湾政府は何ができるだろうか。第一に、対抗措置として中露の海底ケーブルを切断することに意味があるだろうか。中露はユーラシアの陸の大国であり、海底ケーブルへの依存度は低い。日本や台湾のような島国はその国際通信の99％を海底ケーブルに頼っているが、中露は海底ケーブルを失っても大きな損失にはならないだろう。

第二に、海底ケーブル切断に関わった船舶の船主や運航会社に経済制裁を科したとしても中露政府にとっては大きな損失にはならない。そうした会社を閉じるだけで済むだろう。第三に、軍事的な対抗措置を取ることは事態をエスカレートさせることであり、NATOや台湾も望むところではない。

こうして考えると、民間船によって海底ケーブルを切断し、それを単なる事故だと主張することは、よく練られた作戦活動と見なすことができる。平時には我々の社会機能は海底ケーブルに多くを依存している。しかし、有事にはそうした海底ケーブルは簡単に切断され、機能を失うことが一連の事案で分かる。現状はいわゆるグレーゾーン事態にあり、挑発的に海底ケーブルの「事故」が起きながらも、それに対する効果的な対応を被害国が示すことができていない。

21世紀に海底ケーブルはどのように攻撃されるのだろうか。戦時であれば明らかに海底ケーブルは攻撃対象になり、敵国によって切断されることを想定しなくてはならない。そうした事例は19世紀から20世紀の前半に数多く見られた。しかし、20世紀後半の冷戦とポスト冷戦の時代においては、海底ケーブルにとっては比較的平和な時代だった。漁網や錨による事故は時折あったものの、意図的な破壊の事例はほとんどなかった。

その間、１９８０年代に光ファイバーを中心に入れた新たな海底ケーブルによって通信容量が大幅に拡大するとともに、90年代半ば以降のインターネットの商業利用が拡大した。海底ケーブルはその発明以来ずっと重要インフラストラクチャであり続けたが、情報社会とも言われる現代においては、不可欠な存在である。ところが、２０１０年代、２０２０年代においては、再び海底ケーブルは地政学の文脈で論じられるようになり、地経学と呼ばれる新たな国際競争にもさらされている。そして、２０２２年にロシアとウクライナの戦争が始まり、国際情勢が不安定化しつつある。

そのなかで海底ケーブルの意図的な破壊の可能性が高まっている。平時でも戦時でもない、いわゆるグレーゾーンと呼ばれる困難な事態において海底ケーブルを防護していくことの重要性が政策課題として認識されている。歴史的な事例は、海底ケーブルが極めて脆弱なインフラストラクチャであり、大国競争に巻き込まれる可能性があることを示している。

サイバーグレートゲーム
海底ケーブルの地経学

1 100年前のグローバル・ネットワーク

21世紀最初の20年間で、インターネットは全世界共通の社会的インフラストラクチャとしての地位を固めた。しかし、125年前はどうだっただろうか。1900年頃、世界は電信のネットワークを使っていた。1830年代に電信技術が発明され、最初の海底ケーブルが50年に英仏海峡に敷設された。1858年に大西洋横断海底ケーブル、1903年に太平洋横断ケーブルが敷設されている。その間、1868年の万国電信連合でモールス信号（符号）が国際標準として定められた。

現在の海底ケーブルと比べて、当時の海底ケーブルが伝送することができた情報量はきわめて少ない。最初は、途中で人間の手による中継を挟んだので、現在のように瞬時に地球の裏にデジタル信号が届くのとは違い、数十分を要する場合もあったようである。しかし、電信以前、陸上では馬、のろし、伝書鳩、腕木通信、大海を越えるには船舶による通信しかなかった。電信と海底ケーブルの実用化は、通信の速度を圧倒的に速める技術革新であった。

２０２０年、その海底ケーブルが、大国間の懸案事項になった。貿易摩擦、技術摩擦を強めていた米中間で、米国が中国の製品を使用した海底ケーブル、中国の通信事業者が参画する海底ケーブルにセキュリティ上の懸念を示し、それらを排除するための「クリーン・ネットワーク計画」を発表した。中国政府は、米国の動きがインターネットをバルカン化、つまり、分断することだと非難した。

海底ケーブルは、21世紀の情報通信インフラストラクチャのなかでも基幹的な役割を担っている。それなくしては、新型コロナウイルスのパンデミックのなかで我々は遠隔勤務や遠隔授業、遠隔医療などを大海を越えて行うことはできなかっただろう。海外の生産拠点との緊密な連絡ができなかったり、渡航することができなかった留学生に授業を届けたりすることはできなかっただろう。この重要なインフラストラクチャに何が起きているのか、地経学の文脈から、本章では検討していきたい。

2 海底ケーブル製造の担い手

求められる構造

新幹線を小倉駅で下り、タクシーで20分ほどで着いたのは、北九州港にあるＯＣＣ海底システム事業所である。目の前には軍艦防波堤として知られる響灘沈艦護岸がある。ここで海底ケーブルが製造されている。

工場内にはあまり人影がない。海底ケーブル製造は、米国のサブコム、フランスのＡＳＮ（Alcatel Submarine Networks）、そしてＯＣＣを傘下に収める日本のＮＥＣの3社が争っている。そこに参入し、シェアを広げようとしているのが、中国のＨＭＮテック（HMN Technologies）である。ライバルは必ずしも多くないとはいえ、一つひとつの海底ケーブルの契約が大きいため、競争環境は厳しい。できるだけ自動化し、製造単価を下げることが重要である。

海底ケーブルの中心にあるのは光ファイバーだ。近年では1本のケーブルの中に光ファイバーを複数本入れ、伝送容量を増やすタイプが出てきているが、単純には1本の光ファイバーを使う。かつては光ファイバーの代わりに銅線が使われていたが、その伝送容量はきわめて限られていた。１９８０年代に当時のＫＤＤが光ファイバーを海底ケーブルに使えるようにしたことで、海底ケーブルは再び国際通信の主役に躍り出た。

ＯＣＣの工場では、光ファイバーの周りに徐々に絶縁体や保護体が巻き付けられていく。ほぼ自動で静かに進んでいくため、とても不思議な感じだ。轟音が鳴り響く工場とは勝手が違う。

海底ケーブルは、浅いところと深いところで構造が異なる。浅いところでは底引き網や錨が引っかかる可能性がある。あるいは、海水のうねりによって海底ケーブルが引きずられることがあれば、岩などでこすれて損傷してしまうこともある。海底で起こる地震による地滑りも大敵である。

さらには、どうしても海底ケーブル同士が交差する場所もある。ケーブルが狭い角度で交差するとこすれ合う部分が長くなるので、できるだけ直角に近い角度で交差するよう敷設事業者は求められている。いずれにしても、そうした接触による損傷を防ぐために浅い海底で使う海底ケーブルは防護を厚くするので太くなる。

それに対し、深い場所に敷設される海底ケーブルは、損傷を受ける可能性は低くなる。

絶対に切れないというわけではないので防護されるが、むしろ太くした場合の重量が問題になる。深海にケーブルを敷設する場合、敷設船から徐々にケーブルを海底に降ろしていくと、ケーブルの自重が敷設船にかかってくる。海底までの深さがあればあるほど、重たいケーブルを敷設船は支え続けなくてはならない。

また、深い海底の場所は、必然的に海岸から離れている場合が多い。敷設船に積み込めるケーブルにも限界があるから、遠くまで敷設に行く場合には細くて軽いケーブルのほうがよい。

海底ケーブルは通常、敷設してからの耐用年数は20~25年を想定されている。実際にはそれよりも早く使うのを止めたり、長く使い続けたりする場合もある。時折り修理の可能性があるとしても、一番良いのは敷設してから20年間何事もなく通信ができることだ。海底ケーブルの性能をめぐる技術競争は日々行われているが、最も重要なことは欠陥のない商品を大量に提供できることであろう。

大手3社の軌跡

海底ケーブル製造の大手3社は、それぞれ興味深い歴史を持っている。米国のサブコムは、元をたどれば米国最大手で独占的な通信事業を1980年代半ばまで提供していたAT&Tの一部門であった。フランスのASNは、英国を中心とする企業が合併してできたものだが、近年はフィンランドのITメーカーのノキアの傘下にあった。ところが、2024年6月にノキアはフランス政府に3億5000万ユーロ（約545億円）で売却する合意ができたと発表した。[1]

日本のOCCについては少し丁寧に見ていこう。OCCはもともと二つの会社だった。[2]日本海底電線株式会社と大洋海底電線株式会社である。1964（昭和39）年に2社が合併し日本大洋海底電線株式会社が発足し、1999年に商号を「株式会社OCC」と改めた。OCCはオーシャン・ケーブル・アンド・コミュニケーションの意である。

第Ⅱ章で見た通り、明治日本の海底ケーブルはすべて日本政府、つまり逓信省が保有していた。民間の通信事業者は存在していなかったので、当然といえば当然である。初期の

1 NOKIA, "Nokia enters into an agreement with the French State regarding the sale of leading submarine networks business ASN," NOKIA 〈https://www.nokia.com/about-us/news/releases/2024/06/27/nokia-enters-into-an-agreement-with-the-french-state-regarding-the-sale-of-leading-submarine-networks-business-asn/〉, June 27, 2024 (accessed on September 16, 2024).

2 以下の記述はOCCのウェブページ〈https://www.occjp.com/jp/company/history.html〉による。

海底ケーブルは英国企業がつくっていたが、逓信省は日本製の海底ケーブルを欲した。

そこで、古河電気工業と住友電線（現、住友電気工業）、それに藤倉電線（現在の社名はフジクラ）の3社が共同して製造工場を持つことが経済合理性に適うと考えた。

この逓信省の考え方にもとづいて、大阪の住友電線所有の海底ケーブル専門工場と横浜の古河電気工業所有の海底ケーブル工場で海底ケーブルをつくることとし、これに藤倉電線の経営参加を得て、3社で新会社を設立することに合意し、1935（昭和10）年6月、日本海底電線株式会社（本社は大阪市大正区）が誕生した。ただし、古河電気工業、住友電線、藤倉電線の3社はそれぞれ独立して存続した。

しかし、第二次世界大戦の際に日本海底電線の大阪工場は空襲を受けて焼失した。横浜工場は軽微な被害で済んだが、敗戦は事業に大きく影響した。戦後、日本海底電線は電電公社からの注文を受け、国内の通信ネットワークの拡大に貢献した。

1950年代後半になると、電信に代わって電話の需要が急拡大する。1956年に英国と米国・カナダを結ぶ第1大西洋横断電話ケーブルが完成し、翌年には米国本土とハワイを結ぶケーブルが完成した。それに伴い、日米間のケーブル敷設構想が具体化し、1959年5月、郵政省から日米横断電話ケーブルの実施計画が発表された。

古河電気工業、住友電気工業、藤倉電線の3社が関心を示し、委員会を結成して準備に入った。そして、政府や関係方面の調整を終えて、1960年6月に大洋海底電線株式会社が発足した。1963年4月から翌年2月の間、第1太平洋ケーブル（TPC－1）として日本－グアム間のSDケーブル2700キロメートルを製造し、5月初旬に敷設が完了した。

太平洋横断ケーブルが一段落したところで、日本海底電線と大洋海底電線という二つの会社が存在していた。しかし、両社の親会社はいずれも古河電気工業、住友電気工業、藤倉電線である。両社が1964年に合併したのも自然な成り行きだったのだろうか。そして、1999年に商号を「株式会社OCC」と改めた。[3] OCCは米国のITバブルが弾けた後、産業再生機構傘下に入るが、2008年に日本電気（NEC）と住友電気工業の支援を受けて、NECグループに入っている。

3　OCC「沿革」OCC〈https://www.occjp.com/jp/company/history.html〉、2019年12月28日アクセス。

3 コンソーシアムからプライベート・ケーブルへ

変わる敷設スタイル

第二次世界大戦前の海底ケーブルは、国営企業や国策企業が敷設し、使用していたため、海底ケーブルの国籍を特定することは容易だった。しかし、1956年の大西洋横断ケーブルや64年の太平洋横断ケーブルに用いられた中継器を伴った同軸ケーブルシステムが出てくると、様相が変わった。

新たな海底ケーブルシステムの通信容量がきわめて大きいために、1社や2社で海底ケーブルを敷設するのではなく、多くの企業が参加するコンソーシアムを形成し、その出資割合に応じて通信容量を得るコンソーシアム・ケーブルが敷設されるようになった。その傾向は1980年代後半の光海底ケーブルの実用化以降、さらに顕著である。

1990年代半ばになると、インターネットが一般に普及するようになり、電話による通話以上にデジタル通信が増えていった。インターネットとともにパーソナル・コンピュータ（パソコン）も普及した。インターネット普及の初期段階では、人気サイトは米国にあった。そのため、大西洋や太平洋を横断する通信帯域の需要が大きく増した。そのため、海底ケーブルも急ピッチで計画・敷設されるようになった。

それに乗じて登場したのが、コンソーシアム・ケーブルのように複数社でリスク回避するケーブルではなく、一社単独で海底ケーブルを敷設し、帯域を切り売りするプライベート・ケーブル事業者である。代表的なのはグローバル・クロッシングやワールドコムといった新興企業であった。折しも米国のビル・クリントン政権ではニューエコノミー論が台頭し、情報技術（IT）によって景気循環すらなくなったという議論もあった。

しかし、2001年半ばにITバブルは崩壊してしまう。グローバル・クロッシングやワールドコムは破産に追い込まれ、海底ケーブルは格安で他の通信事業者に売却された。やがてIT業界は回復に向かうが、海底ケーブル敷設は2000年代の10年ほど停滞の時期を迎えた。

ところが、2010年代になってスマートフォン（スマホ）が広く普及し、携帯電話の通信が3Gから4Gへとアップグレードされるにつれ、再び通信需要が増えはじめる。また、グーグルやフェイスブック、ツイッター（現X）といったソーシャルメディアが普及することによって、通信帯域需要は拡大しはじめ、海底ケーブル建設も再び活発になった。

ネットワーク中立性と個人情報保護

２０００年代末になると、YouTubeのような広帯域（ブロードバンド）を必要とするサービスが普及しはじめ、回線を逼迫させるようになったため、ネットワーク中立性の議論が始まった。

広帯域を必要とするサービスを提供するソーシャルメディア事業者（プラットフォーマー）は、回線利用料を直接的には負担していない。YouTubeのユーザーは自分のインターネット・サービス事業者（ＩＳＰ）に利用料を払っているが、ユーザーは遅いと感じるとＩＳＰを切り替えてしまう。ＩＳＰは帯域増加のために新たな投資を行わなければならない。また、ＩＳＰが接続するバックボーン回線を持つ事業者や海底ケーブルを持つ事業者も追加投資が必要になる。しかし、帯域をどんどん必要とするサービスを提供するYouTubeは回線利用料を払わない。したがって、ＩＳＰは、自社に有利なようにサービスを峻別し、ネットワークを流れるデータを差別的に扱おうとした。

ＩＳＰを切り替えられるユーザーは好みのものを選べばよいが、過疎地などでは選択肢のないユーザーもいる。そのため、ＩＳＰによるネットワークの差別的提供は表現の自由を損なうとして、ネットワーク中立性の議論が米国で盛んになった。

また、ソーシャル・メディアが普及しはじめると、ユーザーが大量の個人データをネットワーク上に置くようになったため、プライバシー保護、個人情報保護、あるいは機密データの保護の観点から、自国内にデータを保存するよう求めるデータ・ローカリゼーションの議論も行われるようになった。特に欧州委員会はヨーロッパ人のデータを守るために一般データ保護規則（ＧＤＰＲ）を成立させ、データが国境を越えて野放図にやりとりされることを制限するようになった。

こうした議論を受けて、いわゆるＧＡＦＡ（グーグル、アマゾン、フェイスブック、アップル）やマイクロソフトをはじめとするプラットフォーマーは、通信キャリアが提供する海底ケーブルを購入するのではなく、自社で海底ケーブルを敷設することに関心を持ちはじめ、これまで通信キャリアしか参加しなかったコンソーシアムに参加するようになった。そうすれば、海底ケーブルの一定容量を卸値で手に入れ、自由に使えるようになるからである。

4 サプライチェーン・リスク

一帯一路構想への対抗策

海底ケーブルに投資しはじめたのは、欧米や日本の企業だけではない。既に世界最大のインターネット利用者を抱える中国も強い関心を持っている。とはいえ、中国のインターネット・サービスは閉鎖的である。米国のソーシャル・メディアのほとんどは、中国国内では利用が社会的・政治的な理由から禁止されている。代替的な中国版サービスが中国国内で展開されているので、米国のプラットフォーマーのデータにアクセスするために太平洋に太い海底ケーブルが必要なわけではない。

しかし、中国は2014年に一帯一路構想を打ち出し、陸路と海路のインフラストラクチャに投資し、ヨーロッパまでつながる大きな経済圏を目指す動きを始めた。それはユーラシア大陸だけに限らず、太平洋島嶼国やアフリカ、中南米まで視野に入れたグローバルな構想であった。そして、デジタル・シルクロードという言葉も生まれ、陸路、海路に続く第三の道としてサイバースペースの拡大も視野に入り、海底ケーブルへの投資も関心事となりつつある。

日本や米国は、中国の一帯一路構想と直接的にぶつかるわけではないものの、一種の対抗策として「自由で開かれたインド太平洋（ＦＯＩＰ）」構想を打ち出した。金に物言わせた投資ではなく、ルールにもとづいたオープンな経済圏の構築を目指している。米国のバラク・オバマ政権が実現しようとした環太平洋戦略的経済連携協定（ＴＰＰ）は、中国主導の秩序づくりへの対抗の意味があった。

続くドナルド・トランプ政権はＴＰＰから抜けたものの、中国との間にできている巨大な貿易赤字を問題視するとともに、サイバースパイ活動などによって米国のハイテク技術を盗まれているとして、米中貿易摩擦・技術摩擦が２０１８年以降、高まった。

トランプ政権は中国企業が潜在的に持つサプライチェーン・リスクを強く警戒した。海底ケーブルのシステムに使われる機器（ハードウェアおよびソフトウェア）に脆弱性、不具合、意図的な仕掛けなどが入っており、それが米国の事業者や国民に危害をもたらしたり、米国の安全保障を損なったりする可能性があるとしている。

主要海底ケーブル関連企業の実態

表6－1は日米欧中の主要な海底ケーブル関連企業である。第2節でも触れたように、米国を代表するのがサブコム社である。同社は最近までTEコネクティビティ（TE Connectivity）社の一部門のTEサブコム（TE SubCom）だったが、2018年にセルベラス・キャピタル・マネジメント（Cerberus Capital Mangement）に売却された。[4] TEはタイコ・エレクトロニクス（Tyco Electronics）の意で、タイコは電子部品をつくる会社だが、海底ケーブル事業はもともと米国の通信大手AT&Tの一部門であった。

ヨーロッパでは歴史的に英国企業が海底ケーブルに強かった。しかし、1993年に英国のSTC（Submarine Telegraph Company）をフランスのアルカテル・ルーセントが買収したため、現在ではASN（Alcatel Submarine Networks）が代表的な企業となっている。

先述の通り、ASNはその後、フィンランドのITメーカーであるノキアの傘下に入った。ところが、2024年、フランス政府がノキアからASNを買収した。フランス政府の意図は定かではないが、経済安全保障の高まりが関係しているのではと考えられている。

サブコムとASNは自社でケーブル敷設船を保有しているため、自社で製造したケーブ

表6-1　主要な海底ケーブル関連企業

	日本	米国	ヨーロッパ	中国
システムサプライヤ	NEC	SubCom	ASN	HMNテック
海底ケーブル・メーカー	OCC（NEC傘下）	SubCom	ASN（Alcatel Submarine Networks）	HMNテック
端局設備メーカー	NEC、富士通	Ciena、Infinera	Nexans、NSW（Norddeutsche Seekabelwerke）	ファーウェイ
ケーブル敷設事業者（敷設船保有企業）	KCS(国際ケーブルシップ)、NTTワールドエンジニアリングマリン	SubCom	ASN、グローバル・マリーン、Orange	潯興拉錬（SBSS）

出所　各種資料をもとに筆者作成

ルを顧客の求めに応じて迅速に敷設できる点が、日中の企業とは異なる。

日本ではNECがフルターン・キー・サプライヤとして活動し、中継器や端局設備も自社生産している。ケーブル製造については、傘下のOCCがリーディング企業である。

世界的なシェアを見ると、NEC、サブコム、ASNの3社がそれぞれ30%程度ずつを取っており、大半を占める。残りの10%のなかで大きな割合を占めていたのが、中国のファーウェイ・マリーン・ネットワークス（Huawei Marine Networks）である。しかし、米中摩擦が激しくなるなか、ファーウェイがその代表格としてトランプ政権から批判されることになった。

5　中国ケーブルの参入

HMNテックの台頭

海底ケーブル製造業界を揺るがしているのが、中国のＨＭＮテックである。「ＨＭＮ」はもともとファーウェイ・マリーン・ネットワークスを意味した。つまり、中国のＩＴ大手・ファーウェイの一部門であった。それは、ファーウェイと英国のグローバル・マリーン・システムズ（Global Marine Systems）が２００８年12月につくったジョイント・ベンチャーで、本社を中国の天津に置いた。

グローバル・マリーン・システムズは、大英帝国時代のケーブル・アンド・ワイアレスにまでさかのぼる海底ケーブル業界の雄であり、ケーブル敷設船や海中で作業する機械も持っていた。中国の台頭に対する懸念がヨーロッパでまだそれほど高くなかったときにグローバル・マリーン・システムズは、拡大する中国市場を念頭にファーウェイとのジョイント・ベンチャーに乗り出した。

しかし、2017年1月に米国でトランプ政権が成立すると、米中の貿易摩擦と技術摩擦が顕在化し、その後、ファーウェイは実質的に米国市場から排除された。海底ケーブルにおいては、香港に陸揚げ予定だった海底ケーブルPLCNがトランプ政権によって差し止められたことは既に述べた。

こうした情勢変化によってファーウェイは、ファーウェイ・マリーン・ネットワークスの身売りを決めた。2020年の上半期に、中国の亨通(ヘントン)グループが81%の株式を取得し、残りの19%を英国のニュー・サクソン2019(New Saxon 2019)という有限会社が取得した(23年、ニュー・サクソン2019は会社の清算を発表した。19%の株式の行方は定かではない)。そして、ファーウェイ・マリーン・ネットワークスは、HMNテクノロジーズにブランド名を変更し、略称としてHMNテックを使うと発表した。したがって、ファーウェイとの関係は定かではないが、HMNテックは亨通グループの一企業として存続している。

亨通グループの中核企業は「光と電力ネットワーク分野で中国最大のシステムインテグレーターかつサービスプロバイダー」とされており、日本の古河電工との間で中国に西安

4 「TE Connectivity、TE SubCom を売却」e.x.press〈http://ex-press.jp/lfwj/lfwj-news/lfwj-biz-market/25898/〉、2018年9月26日。

に西安西古光通信有限公司という光ファイバー製造の共同出資会社を持っている。古河電工が49%、亨通グループが46%を持っている。同社は、古河電工と西安電纜廠という会社が1986年に設立した中国で初めての光ファイバーケーブル製造会社である西古光織光纜有限公司が起源だという。この会社が2011年に亨通グループの出資を受け入れたため、西安西古光通信有限公司に名前を変えた[5]。

考えようによっては、古河電工の光ファイバーの技術が西古光織光纜に共有され、それが亨通に渡っていたということになる。光ファイバーの技術を持つ亨通が、それを中心に入れた海底ケーブルの製造に興味を持ってもおかしくない。米中技術摩擦によって海底ケーブルを持て余していたファーウェイから海底ケーブル事業を継承するのは、自然な流れだったといえよう。

高まる警戒感

ファーウェイという言葉を直接的には使わなくなったとしても、HMNの原意が「ファーウェイ・マリーン・ネットワークス」だということは、HMNテックがファーウェイの関連会社という印象を与えかねない。HMNテックは、成立時のプレスリリースで、6万

5000キロメートルの海底ケーブルの実績を持ち、独立した経営取締役会を持つと主張しているが、[6]海底ケーブル業界では「いずれにしても中国系には変わらない」と見られている。

HMNテックに対する警戒は高まっている。例えば、ベトナムである。ベトナム沖では主として漁業によると見られているが、海底ケーブルの断線が頻繁に起こっている。そのため、ベトナムは2030年までに海底ケーブルを10本新設するという計画がある。それに対し、米国政府が敷設企業選定の入札でHMNテックなど中国企業を排除するよう強く働きかけていることが複数の関係者の話で分かったとロイター通信が報じた。[7]海底ケーブ

5　古河電工「ニュースリリース：中国の光ファイバケーブル製造会社の創立30周年記念式典を開催～今後も中国パートナーと連携し、通信インフラ整備へ貢献～」古河電工〈https://www.furukawa.co.jp/release/2016/comm_160818.html〉、2016年8月18日（2024年9月23日アクセス）。

6　HMN Technologies, "Huawei Marine Networks Rebrands as HMN Technologies," HMN Technologies〈https://www.hmntech.com/enPressReleases/37764.jhtml〉, November 3, 2020 (accessed on September 23, 2024).

7　Francesco Guarascio, Phuong Nguyen, Joe Brock「米政府、ベトナムの海底ケーブル敷設で中国企業の排除要請」ロイター〈https://jp.reuters.com/world/security/BFWY2VWWXBIQHIAIZDRGMOCXIE-2024-09-18/〉、2024年9月18日（2024年9月23日アクセス）。

ル計画は、ベトナムの国営通信会社ベトテルとシンガポールのシンガポール・テレコム（シングテル）が2024年4月に発表していた。ベトナム南部とシンガポールをつなぎ、中国が領有権を主張する南シナ海の大部分を回避する計画だという。

中国を避けるためと言いながら、ベトナム政府や国営企業はHMNテックとの敷設工事協業に前向きの姿勢を示しているともロイターは報じている。関係者の話として米国政府や関係企業は、既に少なくとも6回、ベトナム政府関係者らと協議の場を持ち、HMNテックが敷設企業として歴史が浅いことや、HMNテックを選択した場合に米国企業の対ベトナム投資が減少する可能性を強調したという。

HMNテックが現在でもファーウェイの強い統制下にあるのかどうかははっきりしない。同社のホームページの企業説明欄には、「経営者のメッセージ（Management's Message）」が掲載されているものの、その経営者が誰なのかが書かれていない。2024年9月23日現在、経営者や役員が誰なのか分かりやすく表示されてはいない。

同社のウェブページに掲載されている2022年11月8日付のプレスリリースでは、毛生江（Mao Shengjiang）がCEO（最高経営責任者）だということが分かる。毛生江は、ファーウェイの創業者である任正非とは古い付き合いのようである。1990年代初め、ファーウェイで毛はプロジェクトマネージャーであり、任と一緒に仕事をしていた。後にはフアーウェイの副社長にも就任している。[8] その毛がHMNテックのCEOを務めている以上、HMNテックとファーウェイの間にまったく関係がないとはいい切れない。

6 クリーン・ネットワークをめぐる米中の論争

2020年8月、米国のマイク・ポンペオ国務長官は、記者会見を開き、クリーン・ネットワーク計画を発表した。これは個人や企業情報を守るため国内通信分野での中国企業の排除に向けた新たな指針である。通信キャリア、アプリストア、スマートフォンのアプリ、クラウドサービス、海底ケーブルの5分野で中国企業の排除を目指すことを打ち出した。[9]

それ以前から、米国政権は中国の北京字節跳動科技（バイトダンス）に対し、動画投稿アプリ「TikTok（ティックトック）」の米国事業を9月15日までに売却するよう求めてもいた。

8 「华为最刺激和惊险的产品C&C08，毛生江：再不出去开局，老板要杀了我！」腾讯網〈https://new.qq.com/rain/a/20240824A00UAB00〉、2024年8月24日（2024年9月23日アクセス）。

9 「米、中国の通信企業排除へ新指針　アプリなど5分野」『日本経済新聞』2020年8月6日付。

そうした対中圧力をさらに強める動きである。

ポンペオ国務長官は記者会見で30以上の国・地域の通信事業者を「ザ・クリーン・ネットワーク」として紹介した。日本のＮＴＴ、ＫＤＤＩ、ソフトバンクの他、米国とヨーロッパの通信事業者、韓国や台湾の通信事業者が含まれていた。

国務長官は、こうした通信システムが「中国共産党のような悪意のあるアクターによる攻撃的な侵害から市民のプライバシーや企業の最も機微な情報を含む国家の資産防護に対するトランプ政権の最も包括的なアプローチだ」と指摘した。[10]

この米国の計画に対し、中国外交部の汪文斌（おうぶんひん）報道官は、「中国は常にサイバースパイ行為やサイバー攻撃に強く反対」していると記者会見で述べた。

そして、ポンペオ国務長官の発表の翌月、中国の王毅外相兼国務委員は「データ・セキュリティに関するグローバル・イニシアチブ（Global Initiative on Data Security）」を発表した。ファーウェイに対する批判を意識してか、「ＩＣＴ［情報通信技術］製品とサービスの提供者は、利用者のデータを違法に取得したり、利用者のシステムや機器をコントロール・操作したりするために製品およびサービスにバックドアを仕込んではならない」とも述べた。

しかし他方で、「国家は、他国のデータの主権、司法管轄権、およびガバナンスを尊重すべきであり、他国の許可なく企業や個人を通じて他国に所在するデータを取得するべきではない」とも述べている。[11] これは米国の中国批判に対する反論であるとともに、米国政府機関が中国のデータを狙っていることへの牽制でもあるだろう。

2020年11月の米国大統領選挙は、多くの混乱を引き起こしたが、ジョー・バイデンの勝利を認定した。

2021年1月5日、退任まで2週間余りとなったトランプ大統領は、中国系のアプリ八つとの取引を禁止する大統領令13971に署名した。[12] アリババを運営するアント・グループの電子決済サービス「アリペイ」や、テンセントが運営するQQウォレットやウィ

---

10 U.S. Department of State (2020) "The Clean Network," 〈https://2017-2021.state.gov/the-clean-network//index.html〉 (accessed on 2021-02-07)

11 Ministry of Foreign Affairs of the People's Republic of China (2020) "Global Initiative on Data Security," 〈https://www.fmprc.gov.cn/mfa_eng/zxxx_662805/t1812951.shtml〉 (accessed 2021-02-07).

12 「トランプ氏、中国系アプリとの取引禁じる大統領令に署名」CNN〈https://www.cnn.co.jp/tech/35164679.html〉2021年1月6日。Federal Register (2021) "Executive Order 13971 of January 5, 2021: Addressing the Threat Posed by Applications and Other Software Developed or Controlled by Chinese Companies," 〈https://www.govinfo.gov/content/pkg/FR-2021-01-08/pdf/2021-00305.pdf〉 (accessed on 2021-02-07).

ーチャットペイなどが含まれる。大統領令では、中国共産党が「米国民のデータを盗み取る、もしくは他の方法で入手している」と指摘した。しかし、この大統領令の発効は45日後で、バイデン政権が発足した後になる。バイデン政権成立後も、この大統領令は取り消されなかった。

7 米中デカップリングの象徴

海底ケーブルは現代のグローバリゼーションを支える根幹的なインフラストラクチャである。それなくしては、インターネットをはじめとするグローバルな情報通信ネットワークは機能しない。第二次世界大戦後の一時期、人工衛星が海底ケーブルに取って代わった時期があったものの、1990年代半ば以降のインターネットの発展は、海底ケーブルの増設なくしてはあり得なかった。

その海底ケーブルは、米中デカップリングの象徴的な存在の一つになっている。トランプ政権が打ち出したクリーン・ネットワーク計画を、バイデン政権は実質的に継承した。そして、2024年11月の大統領選挙でトランプ候補のカムバックが決定した。

地経学は「国益を促進あるいは擁護するため、また地政学上有利な成果を生み出すために、経済的な手段を用いること。また、他国の経済活動が自国の地政学的目標に及ぼす諸効果」[13]とされているが、海底ケーブルを含む情報通信技術はそうした地経学的ツールとして用いられている。

しかし、単に中国の製品やサービスを米国から排除するだけで済むほど単純でもないだろう。中国の市場としての大きさもさることながら、ファーウェイをはじめとする中国製品の安さは発展途上国には魅力的に映っている。

ファーウェイは米国をはじめとする国々からの半導体などの部品供給を絶たれて窮地にあるが、自国でそうした部品を調達することができるようになれば情勢は変わるかもしれない。アップルなどの米国の情報通信技術メーカーも製造・組み立てで中国企業に依存している側面があり、完全に排除できるかは難しい。

新型コロナウイルス感染の拡大に伴う遠隔業務、遠隔授業、遠隔医療などの普及は、海底ケーブルなしでは成り立たないことが分かった。島国である日本にとっては、その重要

13　ロバート・ブラックウィル（矢野卓也訳）「地経学時代のインド太平洋戦略」『ＪＦＩＲ ＷＯＲＬＤ ＲＥＶＩＥＷ』Ｖｏｌ．２、２０１８年12月、30〜52頁。

性はよりいっそう高い。

今やサイバースペースを舞台に繰り広げられるサイバーグレートゲームが始まっている。[14] そこには二つのハートランドがあるだろう。第一に、データが収められているデータセンター、第二に、我々の頭の中にある認知スペースである。この二つのハートランドへのアクセスを担うのが情報通信技術であり、そこが安全か、盗み見られていないか、クリーンかが問われている。

14　土屋大洋『サイバーグレートゲーム――政治・経済・技術とデータをめぐる地政学』千倉書房、2020年。

終章

高まり続ける重要度

大きく変わった認識

2022年4月、スペインのマドリードに降り立った。あいにく、乗り換え時にスーツケースが行方不明になったが、会議の自分の登壇時間にはどうにか間に合った。国際海底ケーブル保護委員会（ICPC）は、国際的な海底ケーブルに関する唯一といってよい組織である。しかし、国連その他の国際政府機関とは関係がなく、もともとは民間事業者の互助組織として発足した。その後、いくつかの政府機関がメンバーとして参加しているが、政治的にも経済的にも派手な動きをする組織ではない。

組織ではないが、海底ケーブルを取り扱う国際「会議」はいくつかある。主要なところでは、毎年1月頃にハワイのホノルルで開かれるPTC（Pacific Telecommunications Council）、毎年6月頃に各国を回って開かれるSubOptic、毎年9月頃にシンガポールで開かれるサブマリン・ネットワークス・ワールドなどである。海底ケーブル業界の人々は、ICPCに加えてこうした会議に毎年出席しながら、業界動向を把握し、時には新規海底ケーブルに向けた話し合いを始める。

ICPCに出席するにあたり、事前に聞かされていたのは、地政学的な話は好まれないということだった。しかし、筆者が海底ケーブルについてプロの前で話せることは地政学的なことぐらいしかない。普段からいろいろなところで講演していることをそのまま英語にして話した。意外にも多くの聴衆からおもしろいと言ってもらえた。そして、筆者以外の多くのスピーカーも「ジオポリティクス（地政学）」という言葉を発していた。新型コロナウイルスのパンデミックを経て、大きく認識が変わり、海底ケーブルの地政学が注目されることになったのを実感できた。

戦略的資産をどう守るか

海底ケーブルは情報時代の戦略的な資産である。携帯電話が普及した時代においても、無線技術が使われるのはユーザーの手元の携帯端末からせいぜい数キロメートル以内の基地局までである。そこから先は陸上の光ファイバーを通り、大海を越えるには光ファイバーの入った海底ケーブルが必要になる。静止軌道上にある通信衛星の利用は高価であり、どうしても遅延が生じる。低軌道衛星の利用には新たな可能性が期待できるが、大容量を確保するには海底ケーブルのほうが有利だろう。

しかし、海底ケーブルの物理的な防護は依然として課題である。第一次世界大戦時のように簡単に海底ケーブルを引き上げて切断することは、現在では難しい。水深1500メートルより浅い水域では、ケーブルを海底に埋設し、露出しないようにしている。深海では潜水艦や無人潜水艇を使ってケーブルを探さなくてはならない。ところが、地上では陸揚局を比較的簡単に探すことができる。それらは多くの場合、純粋な民間設備のために、民主主義体制の国では軍が常時防護するというわけにはいかない。

さらに近年では、海底ケーブルのシステムにおけるサプライチェーン・リスクへの懸念が高まっている。こうしたサイバーシステムの製造は国境を越えるサプライチェーンによって行われており、一つの国のなかですべての部品の製造と組み立てを完結させることは難しい。仮にそれができたとしても、部品に不正が仕込まれる可能性を完全に排除することは難しいだろう。

人為的な工作活動や事件だけでなく、自然災害もまた海底ケーブルに影響を与える。2011年3月11日に大きな地震が東日本を襲った。巨大な地震と津波は大きな被害を地上に住む人々にもたらした。津波は福島第一原発にも襲いかかり、今日まで続く放射線被害をもたらした。

被害は地上だけではなかった。福島県、茨城県、千葉県の沖合の海底には通信用のケーブルがたくさん敷設されている。よく使われるメルカトル図法の地図では分かりにくいが、地球儀で米国西海岸と日本との間をひもで結んでみると、最短距離にあるのが千葉県になる。千葉県の千倉から茨城県に至る地域は、日本でも有数の海底ケーブルの陸揚基地になっている。

敷設された海底ケーブルは、海岸近くでは砂などの中に埋められることが多い。しかし、ある程度沖合に出るとケーブルはそのまま海底に横たわっている。深い海溝がある場合には、その海溝の底までケーブルを垂らしていき、海底に着床するように敷設される。

日本周辺は海底プレートがひしめき合っている。ユーラシア・プレート、フィリピン海プレート、北アメリカ・プレート、そして太平洋プレートである。これらのプレートが地震発生源になる。海底ケーブルもまた、こうしたプレートの境目を横断して引かれることになり、地震が起きればその影響を免れない。

海底ケーブルは様々な自然現象の影響を考慮して、ぴんと張った状態ではなく、冗長性を持たせてゆったりと引かれている。したがって、ある程度は地震の衝撃を吸収できるが、しかし、2011年3月11日の東北地方太平洋沖地震の衝撃はすさまじく、福島、茨城、千葉沖にあった海底ケーブルは多くの箇所で切断されてしまった。深い海底で高い水圧にさらされているケーブルは、海底で急激に地盤がずれることで、耐えきれずにちぎれてしまった。

世界各国の民間事業者はＩＣＰＣを組織し、知見を共有するとともに、協力態勢を築こうとしている。事業者にとってはケーブルの保護は共通の課題だが、非常時にはケーブルの保護は難しい。インターネットのルーティングは冗長性を基本としており、ケーブルが1、2本失われても、大勢には影響がないだろう。しかし、１００万分の1秒、あるいはそれ以上のスピードを競っている金融取引には影響が出る。実際、金融事業者は1メートルでも回線を短くしようとしている。そうしたなかでのケーブルの途絶は影響がないとはいえない。軍事や医療にも海底ケーブルを使ったＩＴは利用されている。

さらに言えば、海底ケーブルは通信にだけ使われるわけではない。電力を送るためのケーブルや、地震観測や海中観測のためのケーブル、あるいは潜水艦探知のためのケーブルなど、いろいろな用途が考えられる。情報時代の戦略的資産である海底ケーブルの品質の確保と防護は、喫緊の政策課題である。

能動的サイバー防御

２０２４年6月、日本政府は「サイバー安全保障分野での対応能力の向上に向けた有識者会議」を立ち上げた。いわゆる「能動的サイバー防御（active cyber defense）」を日本でも行うことを検討するための会議である。この会議は、その1年前の2023年6月に立ち上げるという報道が出た。しかし、その夏には有識者会議が立ち上がらず、1年遅れで始まった。岸田文雄政権の政治的な理由で遅れたといわれている。

そして、2024年8月に有識者会議のそれまでの議論の整理が出たところで、岸田首相が退陣を表明し、自民党の総裁選挙がその年の9月に行われることになった。有識者会議のとりまとめは石破茂政権の下で行われることになり、法案の提出は2025年1月に始まる通常国会で行われた。

能動的サイバー防御においては、海底ケーブルの通信の取得と分析も課題の一つである。日本は海に囲まれた島国であり、国際通信の99％は海底ケーブルを通じて行われているといわれている。ということは、海外からサイバー攻撃が来るとしたら、ほぼすべて海底ケーブルを通じて来ることになる。それならば、海底ケーブルの通信を把握することは重要になるだろう。

しかし、現代の海底ケーブルは、19世紀の銅線の海底ケーブルとは異なる。最初の海底ケーブルの通信は、通信局で人手を介して行われた。通信量が少なかったからできたことである。しかし、やがてケーブルの数も増え、通信量も増え、通信は機械によって自動的に処理されるようになった。ケーブルのなかに光ファイバーが入るようになると、通信量はいっそう増加するとともに、当然のことながら電気信号ではなく、光信号が通るようになった。その通信をリアルタイムで把握することは、現在のコンピュータ技術では事実上不可能である。

無論、技術は猛烈なスピードで進化している。サイバーセキュリティに人工知能（AI）が利用されるのは当たり前になっているし、やがて量子コンピュータも使われるようになるだろう。海底ケーブルのなかの信号の大半は暗号化されているが、その暗号を破れるかどうか、さらに強い暗号をつくれるかも歴史上ずっと課題である。

能動的サイバー防御が何を意味するのかは、論者によって異なり、誰もが一致する定義があるわけではない。技術が進化すれば、その手法も変化するだろう。しかし、防衛一辺倒だった日本のサイバーセキュリティが、それではもう無理だという認識が共有されるようになったからこそ、能動的サイバー防御が議論されている。

東京2020のオリンピックとパラリンピックにおけるサイバー攻撃が懸念されていたが、新型コロナウイルスのパンデミックによって1年遅れになるとともに、無観客になったこと、そしてサイバー防衛関係者が必死の努力をしたことによってサイバー攻撃による大きな被害はなかった。しかし、これからずっと、24時間365日、いつ来るか分からないサイバー攻撃に対処し続けるためには、何らかの能動的なサイバー防御活動が必要である。

現代社会における海底ケーブルの役割は多様である。本書では通信を中心に見てきたが、電力用や海底モニタリング用、さらには潜水艦探知などもある。通信用の海底ケーブルは、現代のデジタル通信を海を越えて運ぶ大動脈であり、個人の私信から遠隔ビジネス、遠隔医療、遠隔教育、外交、軍事、科学研究など多くの人間の活動を支える重要インフラである。現代社会において不可欠になった海底ケーブルをいかに守り、発展させるか、活用するか、を考える必要がある。情報社会論、安全保障論、経済安全保障論、情報通信産業論、そして通信工学などが交錯する興味深い分野である。

あとがき

本書を書こうと決めたのは、手元のメモによると、２０１４年の12月21日である。それから原稿を完成させるのに10年かかってしまった。時間をかけたから良くなるというものでもない。しかし、大学院生時代に海底ケーブルに興味を持ってから30年近くの時間が経っている。20年といわれる海底ケーブルの耐用年数を大幅に上回ってしまった。その間に少しずつ理解を深め、いろいろな会議で意見を交わし、たくさんの方々にご意見をうかがうことができた。そうした皆さんに感謝をしたい。しかし、本書には何らかの誤りがあるだろう。その責任は筆者にある。

日経ＢＰの堀口祐介さんには長い間、原稿の完成を待っていただいた。途中、何度も設定した締切を守れず、お詫びを申し上げたい。最終的にこうして本にしてくださったことに感謝したい。

締切を守れなかったことの理由の一つは、大学での業務が増えてしまったことによる。２０１９年10月以降は、教育・研究とは異なる業務に右往左往する日々であったが、多くの人に支えられた。２０２１年5月以降、なかなか業務に集中せず、隙あらば本書のための調査活動と執筆に時間を割こうとする筆者を伊藤公平塾長は大目に見てくださった。常任理事の同僚たちや職員の皆さんにも余計な負担をかけてしまったかもしれない。加茂具樹総合政策学部長にはいつも相談に乗ってもらっている。秘書として日常業務を支えてくださった久本史佳さん、谷崎麻衣さん、岩元みほりさんにも感謝したい。

ＮＥＣやＯＣＣ、ＫＤＤＩ、ＮＴＴといった業界の皆さんにもたくさんのことを教えていただいた。ＫＤＤのＯＢの新納康彦さんと大野哲弥さんには懇切丁寧に海底ケーブルのイロハについて教えていただいた。ＮＥＣの森田隆之社長、吉田直樹さん、岡建太郎さん、時岡幹能さん、中谷昇さんには日々ダイナミックな動きを見せる海底ケーブル業界の動向を教えていただいた。ＮＥＣ傘下の国際社会経済研究所では、松木俊哉社長、民長憲生さん、原田泉さんに大変お世話になった。ＯＣＣ訪問時には関係各位にお世話になった。ＮＴＴの若井直樹さんや平林実さん、牧野公精さんにも教えを請うことができた。

富士通フューチャースタディーズ・センター（ＦＦＳＣ）の谷内正太郎理事長、井川貴博社長、吉田倫子研究主幹には研究会等を通じてアドバイスをいただいている。

総務省国際戦略局からの委託を受けて実施した調査による知見も本書には活かされている。総務省の関係各位とともに、一緒に調査を実施した三菱総合研究所の皆さんにも感謝を申し上げたい。また、それに関連してSasakawa Peace Foundation USAのジェームズ・ショフさんには何度もワークショップをホストしていただき、感謝している。プロジェクトを手伝ってくれた長岡佐知さんにも感謝したい。

発展途上国と通信の関係については、元亜細亜大学の佐賀健二先生や慶應義塾大学メディア・コミュニケーション研究所の菅谷実先生に教えていただいた。ハワイ大学のクリスティーナ・ヒガ先生にも何度も研究上の相談に乗ってもらった。ハワイ大学（現オックスフォード大学）のクリスティ・ゴヴェラ先生の共同研究プロジェクトでも大いに刺激を受けた。また、サイバーセキュリティと通信の秘密については、情報セキュリティ大学院大学の林紘一郎先生や田川義博先生に教えを受けた。

既に閉じてしまったが、日本研究プラットフォームをかつて慶應義塾大学湘南藤沢キャンパスで展開していた。そこでも海底ケーブルに関する研究をサポートしてもらった。清水唯一朗総合政策学部教授、SFCフォーラムの綿貫直子さん他、関係各位に感謝したい。

客員研究員の機会を与えてくれた米国のイースト・ウエスト・センターや日本国際問題研究所、国際大学グローバル・コミュニケーション・センター（GLOCOM）、報告の機会をくれたパシフィック・フォーラム、日本国際フォーラム、防衛研究所、海上自衛隊幹部学校等にも感謝したい。

スコットランドのエジンバラでおいしいシーフードの昼食をとりながら旧知のイワン・

サザーランドさんと海底ケーブルの議論ができたのも良い思い出である。互いに海底ケーブルの本を書いているところだったので、その後の電子メールでの議論も通じて大変刺激になった。

海底ケーブルに興味を持ってくれた大学院生たちにも支えられた。特に、戸所弘光さん、小宮山功一朗さん、梶原みずほさんは関連する分野で論文や著書を書いてくれたので大いに刺激を受けた。サイバーセキュリティ研究で協力する川口貴久さんとは台湾の海底ケーブル陸揚局を探しにも行った。

バルト海で海底ケーブル切断が相次いだ後、デンマークのコペンハーゲンを訪れた。資料集めを手伝ってくれた旧友の花輪幾夫さんと堀真奈美さんにも感謝したい。

本書の構想はそれこそ四半世紀前からあり、執筆を決意してもなかなか書き上げることができなかった。途切れ途切れに海底ケーブルについては書いてきていて、いずれまとまった形で発表したいと思っていたが、海底ケーブルに関する文献は意外なほど多い。特に通信の歴史という意味では歴史的事実を記録した資料・史料だけでなく、研究論文・研究書、そして普及書もとても多い。とてもすべてを読み切れたとはいえないが、できるだけ読み込むようにした。

これまでのそうした文献と少し差があるとすれば、地政学的な視点から歴史的な事実を整理するとともに、現代の課題を検討したことだろう。しかし、それが十分にできたかというといささか心許ない。それでも、これまで様々なところで海底ケーブルのおもしろさとそのセキュリティ上の脆弱さについて話す機会をいただいてきた。その一つのまとめとして書き残しておきたかった。

なお、本書は、これまで発表してきた筆者の以下の論考・著書に加筆・修正している部分があることをご了承いただきたい。

- 「大英帝国と電信ネットワーク――19世紀の情報革命」国際大学グローバル・コミュニケーション・センター編『GLOCOM Review』第3巻3号、1998年3月
- 『情報とグローバル・ガバナンス――インターネットから見た国家』慶應義塾大学出版会、2001年
- 「海底ケーブルの地政学的考察――電信の大英帝国からインターネットの米国へ」『アメリカ研究』第46号、2012年、51〜68頁
- 「太平洋における海底ケーブルの発達――情報社会を支える大動脈」慶應義塾大学日本研究プラットフォーム・ラボＪＳＰワーキングペーパ、2012年

- 「太平洋島嶼国におけるデジタル・デバイド――パラオにおける海底ケーブル敷設の可能性」『メディア・コミュニケーション――慶應義塾大学メディア・コミュニケーション研究所紀要』第62号、２０１２年、１６１～１７１頁
- 「海底ケーブルと通信覇権」田所昌幸、阿川尚之編『海洋国家としてのアメリカ――パクス・アメリカーナへの道』千倉書房、２０１３年
- 「海底ケーブルとデジタル・デバイド――パラオを事例に」菅谷実編著『太平洋島嶼地域における情報通信政策と国際協力』慶應義塾大学出版会、２０１３年
- 「海底ケーブルの国際政治学」『情報通信学会誌』第30巻４号、２０１３年、47～50頁
- 「ロシアの潜水艦が米国の海底ケーブルの遮断を計画?」『Newsweek日本版』２０１５年10月27日
- 『サイバーセキュリティと国際政治』千倉書房、２０１５年
- 「海底ケーブル銀座としての東アジア」『東亜』第５８３号、２０１６年４月、６～７頁
- 『サイバー空間を支配する者――21世紀の国家、組織、個人の戦略』（持永大、村野正泰との共著）日本経済新聞出版、２０１８年
- 「海底ケーブルの地政学」『CISTEC journal：輸出管理の情報誌』第１８６号、２０２０年、１０４～１１２頁

- 「米中のサイバー空間の覇権争い――サプライチェーン・リスクと海底ケーブル」宮本雄二、伊集院敦、日本経済研究センター編『技術覇権――米中激突の深層』日本経済新聞出版、2020年
- 「海底ケーブルのガバナンス――技術と制度の変化」(戸所弘光との共著)秋道智彌、角南篤編著『海はだれのものか』西日本出版社、2020年
- 「米中ネットワーク競争と海底ケーブル」宮本雄二、伊集院敦、日本経済研究センター編著『米中分断の虚実――デカップリングとサプライチェーンの政治経済分析』日本経済新聞出版、2021年、59～77頁

また2019年4月から『日本経済新聞』の「中外時評」欄に客員論説委員として執筆の機会をいただいている。海底ケーブルについても以下のように何度か書いており、重なる表現があるかもしれない。ご容赦いただければ幸いである。貴重な紙面をくださった歴代の論説委員長の原田亮介さん、藤井彰夫さん、菅野幹雄さんや論説委員の皆さん、歴代のデスクの皆さん、サポートしてくださった若林明子さんにも感謝したい。日本経済研究センターでの研究会に参加させてくださった伊集院敦さんにも御礼を述べたい。

- 「海底ケーブル切断の脅威　データ通信支える命綱」『日本経済新聞』２０１９年６月26日付朝刊
- 「海底ケーブル切断は妄想か　五輪へ通信基盤の備えを」『日本経済新聞』２０２０年２月26日付朝刊
- 「インターネット通信網に米中対立の影」『日本経済新聞』２０２０年３月25日付朝刊
- 「覇権を争う米中、迫られる関係の再定義か」『日本経済新聞』２０２０年８月26日付朝刊
- 「データセンターの地政学　立地はどこに向かうのか」『日本経済新聞』２０２１年２月24日付朝刊
- 「米中対立が阻むデジタル投資　太平洋島しょ国支援で」『日本経済新聞』２０２１年７月27日付朝刊
- 「潜水艦探知巡る主要国の暗闘　日本も技術革新に対応を」『日本経済新聞』２０２２年１月25日付朝刊
- 「データの安全な保管場所　ウクライナは欧州に分散」『日本経済新聞』２０２２年７月26日付朝刊
- 「民主主義左右する海底通信網　戦時下で繰り返される切断」『日本経済新聞』２０２２

年11月29日付朝刊

- 「海底ケーブル問題の落とし穴　規制を検討する段階に」『日本経済新聞』2025年1月28日付朝刊

筆者が各地を見て回るのは、政府開発援助（ODA）の現場を見て回っていた草野厚先生の影響が大きい。草野先生は定年退職後の今も日本中を歩いておられる。

最後に、田所昌幸先生と阿川尚之先生がリーダーとなったサントリー文化財団のプロジェクト「パクス・アメリカーナと海洋研究会」においては、米国と海洋の視点から3年間にわたって議論を行い、多くの刺激を受けた。その成果は『海洋国家としてのアメリカ――パクス・アメリカーナへの道』として千倉書房から刊行され、筆者は海底ケーブルについての論考を寄稿することができた。編集を担当してくださった神谷竜介さんにも御礼を言いたい。

このプロジェクトに誘ってくださったのは阿川尚之先生である。キャンパスの同僚であるとともに、筆者の3代前の慶應義塾大学総合政策学部長でもあり、2代前の慶應義塾常任理事でもあった。先生には海上自衛隊をはじめいろいろなところにご一緒させていただき、教えを請うことができたのは大変な幸せであった。先生の海への飽くなき情熱に大きな影響を受けて筆者も海底ケーブルに興味を持ち続けてこられたような気がする。阿川先生のご冥福を祈るとともに、記して感謝したい。

2025年3月

土屋 大洋

貢献』大蔵省印刷局、1988年
- 吉川猛夫監修『真珠湾のスパイ――太平洋戦争陰の死闘』協同出版、1973年
- ライゼン、ジェームズ（伏見威蕃訳）『戦争大統領――CIAとブッシュ政権の秘密』毎日新聞社、2006年
- 利尻富士町史編纂委員会『利尻富士町史』ぎょうせい、1998年
- ロッシャー、マックス（訳者不明）『世界海底電信線網』日本無線電信、1937年
- 渡井理佳子『経済安全保障と対内直接投資――アメリカにおける規制の変遷と日本の動向』信山社、2023年

- 増田義郎『太平洋——開かれた海の歴史』集英社新書、2004年
- 松浦章「台湾における海底通信線の創始」『關西大學文學論集』第55巻1号、2005年、47〜80頁
- マッキンダー、ハルフォード・ジョン（曽村保信訳）『マッキンダーの地政学——デモクラシーの理想と現実』原書房、2008年
- 松島泰勝『ミクロネシア——小さな島々の自立への挑戦』早稲田大学出版部、2007年
- 松本潤「国際網のネットワークプランニング」『電子情報通信学会誌』第76巻2号、1993年、116〜120頁
- マハン、アルフレッド・T（井伊順彦、戸高一成訳）『マハン海軍戦略』中央公論新社、2005年
- 村井純『インターネット文明』岩波新書、2024年
- 室井嵩監訳・編『ケーブル・アンド・ワイヤレス会社百年史』国際電信電話株式会社、1972年
- 持永大『デジタルシルクロード——情報通信の地政学』日本経済新聞出版、2022年
- ——『能動的サイバー防御——日本の国家安全保障戦略の進化』日本経済新聞出版、2025年
- 矢口祐人『ハワイの歴史と文化——悲劇と誇りのモザイクの中で』中公新書、2002年
- 矢崎幸生『ミクロネシア信託統治の研究』御茶の水書房、1999年
- 矢野暢『「南進」の系譜　日本の南洋史観』千倉書房、2009年
- 山田次郎『七つの海に伸びて百三十年——海底ケーブルについての講釈六章』ハル・アド、1980年（非売品）
- 山中速人『ハワイ』岩波新書、1993年
- 山本草二『海洋法』三省堂、1992年
- 郵政省編『郵政百年史資料　第二巻』吉川弘文館、1970年
- ——『郵政百年史資料　第六巻』吉川弘文館、1970年
- ——『世界を結ぶ光海底ケーブル』大蔵省印刷局、1992年
- 郵政省通信政策局編『海底ケーブル通信新時代の構築へ向けて——日本の

- 西田健二郎監・訳・編『英国における海底ケーブル百年史』国際電信電話、1971年
- 西本逸郎、三好尊信『国・企業・メディアが決して語らないサイバー戦争の真実』中経出版、2012年
- 日本電気社史編纂室編『日本電気株式会社百年史』日本電気株式会社、2001年
- ——『日本電気株式会社百年史　資料編』日本電気株式会社、2001年
- 日本電信電話株式会社広報部編『電気通信発展外史〈電話100年小史別冊〉』日本電信電話株式会社広報部、1993年
- 日本電信電話公社海底線施設事務所編『海底線百年の歩み』電気通信協会、1971年
- 日本大洋海底電線株式会社編集『日本大洋海底電線株式会社史』日本大洋海底電線株式会社、1970年
- 橋本秀一『アジア太平洋情報論』酒井書店、1998年
- 畑博行ほか編『南太平洋諸国の法と社会』有信堂、1992年
- 花岡薫『国際電信事業論』交通経済社、1936年
- バラバシ、アルバート＝ラズロ（青木薫訳）『新ネットワーク思考——世界のしくみを読み解く』日本放送出版協会、2002年
- ハロラン芙美子『ホノルルからの手紙』中公新書、1995年
- 光海底ケーブル執筆委員会『光海底ケーブル』パレード、2010年
- ブラックウィル、ロバート（矢野卓也訳）「地経学時代のインド太平洋戦略」『JFIR WORLD REVIEW』第2号、2018年、30～52頁
- ブレマー、イアン（奥村準訳）『対立の世紀——グローバリズムの破綻』日本経済新聞出版、2018年
- ——（奥村準訳）『スーパーパワー——Gゼロ時代のアメリカの選択』日本経済新聞出版、2015年
- ヘッドリク、D・R（原田勝正、多田博一、老川慶喜、濱文章訳）『進歩の触手——帝国主義時代の技術移転』日本経済評論社、2005年
- ——（塚原東吾、隠岐さや香訳）『情報時代の到来——「理性と革命の時代」における知識のテクノロジー』法政大学出版局、2011年

- ——『暴露の世紀——国家を揺るがすサイバーテロリズム』角川新書、2016年
- ——編著『アメリカ太平洋軍の研究——インド・太平洋の安全保障』千倉書房、2018年
- ——『サイバーグレートゲーム——政治・経済・技術とデータをめぐる地政学』千倉書房、2020年
- 電信百年記念刊行会編『てれがらふ——電信をひらいた人々』逓信協会、1970年
- ドウス昌代『日本の陰謀——ハワイオアフ島　大ストライキの光と影』文春文庫、1994年
- 等松春夫『日本帝国と委任統治——南洋群島をめぐる国際政治1914-1947』名古屋大学出版会、2011年
- 戸所弘光「国際海底ケーブルのプライベート・ガバナンス」慶應義塾大学大学院政策・メディア研究科学位請求論文、2024年
- ——、土屋大洋「海底ケーブルのガバナンス——技術と制度の変化」秋道智彌、角南篤編著『海はだれのものか』西日本出版社、2020年、164〜177頁
- トレーニン、ドミートリー（河東哲夫、湯浅剛、小泉悠訳）『ロシア新戦略——ユーラシアの大変動を読み解く』作品社、2012年
- 中嶋弓子『ハワイ・さまよえる楽園——民族と国家の衝突』東京書籍、1993年
- 長島要一『大北電信の若き通信士——フレデリック・コルヴィの長崎滞在記』長崎新聞新書、2013年
- 新納康彦「太平洋1万キロ決死の海底ケーブル“国際光海底ケーブルネットワーク”」『武蔵工業大学環境情報学部情報メディアセンタージャーナル』第7号、2006年、60〜69頁
- ——「光海底ケーブル開発の歴史I——歴史に学ぶ技術の進歩」『IEEJ Journal』第130巻10号、2010年、694〜697頁
- ——「光海底ケーブル開発の歴史II——失敗から学び成功へ」『IEEJ Journal』第130巻11号、2010年、760〜763頁

- スミス、アンソニー（小糸忠吾訳）『情報の地政学』TBSブリタニカ、1982年。
- 瀬谷正二『布哇』忠愛社書店、1892年
- 薛軼群『近代中国の電信建設と対外交渉——国際通信をめぐる多国間協調・対立関係の変容』勁草書房、2016年
- ソンタグ、シェリー、アネット・ローレンス・ドルー他（平賀秀明訳）『潜水艦諜報戦（上・下）』新潮OH!文庫、2000年
- 大北電信株式会社編（国際電信電話株式会社監訳）『大北電信株式会社——1869～1969年会社略史』国際電信電話、1972年
- 高崎晴夫「通信バブルの一考察（第1回）——国際海底ケーブルビジネスで何が起こったのか」『OPTRONICS』第3号、2003年、174～179頁
- 高橋達男『欧米の電信電話事情』官業労働研究所、1964年
- 種村省三編著『海底線回想録』アクセスニッポン社、1996年
- ダレス、アレン（鹿島守之助訳）『諜報の技術』鹿島研究所出版会、1965年
- 土屋大洋「大英帝国と電信ネットワーク——19世紀の情報革命」『GLOCOM Review』第3巻3号、1998年
- ——『情報とグローバル・ガバナンス——インターネットから見た国家』慶應義塾大学出版会、2001年
- ——『情報による安全保障——ネットワーク時代のインテリジェンス・コミュニティ』慶應義塾大学出版会、2007年
- ——『ネットワーク・パワー——情報時代の国際政治』NTT出版、2007年
- ——「デジタル通信傍受とプライバシー——米国におけるFISA（外国インテリジェンス監視法）を事例に」『情報通信学会誌』第91号、2009年、67～77頁
- ——『ネットワーク・ヘゲモニー——「帝国」の情報戦略』NTT出版、2011年
- ——「太平洋島嶼国におけるデジタル・デバイド——パラオにおける海底ケーブル敷説の可能性」慶應義塾大学メディア・コミュニケーション研究所編『メディア・コミュニケーション』第62号、2012年3月、161～171頁
- ——『サイバー・テロ　日米vs.中国』文春新書、2012年
- ——『サイバーセキュリティと国際政治』千倉書房、2015年

No. 11』国際協力推進協会、1996年
- 国際電信電話株式会社、KDDエンジニアリング・アンド・コンサルティング編『国際電信電話株式会社二十五年史』国際電信電話株式会社、1979年
- 小菅敏夫「途上国の電気通信の現状と国際協力活動（その2）——太平洋島嶼国における情報通信基盤の課題」『ITUジャーナル』第27号2号、1997年、48〜53頁
- 小林泉『ミクロネシアの小さな国々』中央公論社、1982年
- ——『太平洋島嶼諸国論』東信堂、1994年
- 小宮山功一朗、小泉悠『サイバースペースの地政学』ハヤカワ新書、2024年
- 斎藤優、神品光弘、宝劔純一郎『発展途上国のコミュニケーション開発』文眞堂、1986年
- 佐賀健二『実践的情報通信政策論——アジア太平洋地域における情報通信インフラの構築』亜細亜大学国際関係研究所、2000年
- 猿谷要『ハワイ王朝最後の女王』文春新書、2003年
- 島田征夫、林司宣『海洋法テキストブック』有信堂高文社、2005年
- 情報セキュリティ政策会議「国民を守る情報セキュリティ戦略」2010年5月11日
- 城水元次郎『電気通信物語——通信ネットワークを変えてきたもの』オーム社、2004年
- 水路部『北海道本島沿岸水路誌』水路部、1936年
- ——『樺太南部沿岸千島列島水路誌：千島列島・樺太南部』水路部、1937年
- 菅谷実、豊嶋基暢、西岡洋子、ヒガ・クリスティーナ「デジタル・ネットワーク時代のユニバーサル・アクセスと国際協力——太平洋諸島を事例として——電気通信普及財団研究調査報告書」JST資料番号：J0374B ISSN：1346-0404、No.23、253〜256頁、2008年
- 杉原高嶺、水上千之、臼杵知史、吉井淳、加藤信行、高田映『現代国際法講義［第五版］』有斐閣、2012年
- 須藤健一著、倉田洋二、稲本博監修『パラオ共和国——過去と現在そして21世紀へ』おりじん書房、2003年

- 奥山真司『地政学——アメリカの世界戦略地図』五月書房、2004年
- オバマ、バラク（棚橋志行訳）『合衆国再生——大いなる希望を抱いて』ダイヤモンド社、2007年
- 外務省経済局海洋課監修『英和対訳　国連海洋法条約〔正訳〕』成山堂書店、1997年
- 梶原みずほ「冷戦期の米国における潜水艦探知技術の優位性」慶應義塾大学大学院政策・メディア研究科学位請求論文、2023年
- 椛島隆富「急伸する国際トラフィック　新ケーブル事業が目白押し」『日経コミュニケーション』1998年9月21日号、152〜157頁
- 鎌田幸藏『雑録　明治の情報通信——明治を支えた電信ネットワーク』近代文芸社、2008年
- ガルブレイス、マイク「日本の電信の幕開け——江戸末期から明治にかけて、日本は世界の国々とどのようにして結ばれていったのか」『ITUジャーナル』第46巻7号、2016年7月、26〜30頁
- 川野邊富次『テレガラーフ古文書考——幕末の伝信』川野邊富次（個人出版）、1987年
- 関東電気通信局『日米海底通信小史（非売品）』関東電気通信局、1957年
- カンナ、パラグ（尼丁千津子、木村高子訳）『「接続性」の地政学——グローバリズムの先にある世界（上・下）』原書房、2017年
- 北岡伸一『世界地図を読み直す——協力と均衡の地政学』新潮社、2019年
- 貴志俊彦「植民地初期の日本—臺灣間における海底電信線の買収・敷設・所有権の移轉」『東洋史研究』第70巻2号、2011年9月、299〜333頁
- ——『日中間海底ケーブルの戦後史——国交正常化と通信の再生』吉川弘文館、2015年
- 公文俊平『アメリカの情報革命』NECクリエイティブ、1994年
- ケーブル・アンド・ワイヤレス会社編（国際電信電話株式会社監訳）『ケーブル・アンド・ワイヤレス会社百年史——1868〜1968年』国際電信電話、1972年
- 河野収『地政学入門』原書房、1981年
- 国際協力推進協会『パラオ　開発途上国国別経済協力シリーズ　大洋州編

- 会田理人「資料紹介　北海道―樺太間海底電話ケーブル」『北海道開拓記念館研究紀要』第40号、2012年、199〜204頁
- アームストロング、ウィリアム・N（荒俣宏、樋口あやこ訳）『カラカウア王のニッポン仰天旅行記』小学館、1995年
- 有山輝雄『情報覇権と帝国日本I――海底ケーブルと通信社の誕生』吉川弘文館、2013年
- ――『情報覇権と帝国日本II――通信技術の拡大と宣伝戦』吉川弘文館、2013年
- ――『情報覇権と帝国日本III――東アジア電信網と朝鮮通信支配』吉川弘文館、2016年
- 池澤夏樹『ハワイイ紀行【完全版】』新潮文庫、2000年
- 石井寛治『情報・通信の社会史――近代日本の情報化と市場化』有斐閣、1994年
- 石原藤夫『国際通信の日本史――植民地化解消へ苦闘の九十九年』東海大学出版会、1999年
- イノウエ、ダニエル・K、ローレンス・エリオット（森田幸夫訳）『ダニエル・イノウエ自伝――ワシントンへの道』彩流社、1989年
- 猪熊樹人「根室国後間海底電信線陸揚施設の建築年代」『根室市歴史と自然の資料館紀要』第35号、2023年3月、1〜10頁
- 浦野起央『地政学と国際戦略――新しい安全保障の枠組みに向けて』三和書籍、2006年
- 大津留（北川）智恵子「大統領像と戦争権限」『アメリカ研究』第43号、2009年、59〜75頁
- 大野哲弥「空白の35年、日米海底ケーブル敷設交渉小史」『情報化社会・メディア研究』第4号、2007年、25〜32頁
- ――『国際通信史でみる明治日本』成文社、2012年
- ――「大北電信会社の国際通信独占権満了に伴う日本政府の対応」『情報化社会・メディア研究』第13号、2016年、25〜36頁
- ――『通信の世紀――情報技術と国家戦略の一五〇年史』新潮社、2018年
- 岡忠雄『太平洋域に於ける電氣通信の國際的瞥見』通信調査會、1941年

- Squier, George O., "The Influence of Submarine Cables upon Military and Naval Supremacy," ***National Geographic Magazine***, vol. XII, no. 1, January 1901, pp. 1-12.
- Standage, Tom, ***The Victorian Internet***, New York: Walker and Company, 1998（服部桂訳『ヴィクトリア朝時代のインターネット』ハヤカワ文庫、2024年）
- Starosielski, Nicole, ***The Undersea Network***, Durham and London, Duke University Press, 2015.
- STF Analytic, "Submarine Telecoms Industry Report," 〈https://issuu.com/subtelforum/docs/submarine_telecoms_industry_report_〉, 2018 (accessed on February 7, 2021).
- Sutherland, Ewan, "The Eastern Group: An Early British Multinational Corporation," Unpublished, 2024.
- Tribolet, Leslie Bennett, ***The International Aspect of Electrical Communications in the Pacific Area***, New York: Arno Press, 1972.
- Tuchman, Barbara W., ***The Zimmermann Telegram***, New York: Macmillan, 1966（町野武訳『決定的瞬間――暗号が世界を変えた』ちくま学芸文庫、2008年）
- United States Department of Defense, Quadrennial Defense Review Report, United States Department of Defense 〈https://archive.defense.gov/qdr/QDR%20as%20of%2029JAN10%201600.pdf〉, February 2010.
- U.S. Department of State, "The Clean Network," 〈https://2017-2021.state.gov/the-clean-network//index.html〉, 2020 (accessed on February 7, 2021).
- Wagner, Jack R., "The Great Pacific Cable," ***Westways***, vol. 48, no. 1, pp. 8-9.
- Winkler, Jonathan Reed, ***Nexus: Strategic Communications and American Security in World War I***, Cambridge: Harvard University Press, 2008.
- NHKプロジェクトX制作班編『プロジェクトX挑戦者たち18　勝者たちの羅針盤』NHK出版、2003年
- KDD社史編纂委員会編纂『KDD社史』KDDIクリエイティブ、2001年
- KDD総研調査部編『21世紀の通信地政学――グローバル・テレコム・ビジネスの最前線』日刊工業新聞社、1993年
- KDDI総研「コミュニケーションの地政学・海底ケーブル編」国際コミュニケーション基金委託研究調査報告書、2004年

- Kennedy, P. M., "Imperial Cable Communications and Strategy, 1870-1914," ***The English Historical Review***, Vol. 86, No. 341, 1971, pp. 728-752.
- Lichtblau, Eric, ***Bush's Law: The Remaking of American Justice***, New York: Pantheon Books, 2008.
- Mahan, Alfred T., "Hawaii and Our Future Sea Power," ***The Forum***, March 1893.
- Makley, Michael J., ***John Mackay: Silver King in the Gilded Age***, Reno, Nevada: University of Nevada Press, 2009.
- Mariano, John J., and Dave Risher, "Implementation of the Palau Telecommunications Undersea Network," 19th Annual January 19-22, 1997, Pacific Telecommunications Council, Honolulu, Hawaii, United States, 592-600.
- McDonald, Philip B., ***A Saga of the Seas: The Story of Cyrus W. Field and the Laying of the First Atlantic Cables***, New York: Wilson-Erickson, 1937.
- Ministry of Foreign Affairs of the People's Republic of China, "Global Initiative on Data Security," 〈https://www.fmprc.gov.cn/mfa_eng/zxxx_662805/t1812951.shtml〉, (accessed on February 7, 202).
- Oceania Television Network, "Faster Internet Plans for FSM, Yap and Palau," 〈http://www.oceaniatv.net/on_otv/palaunews110812.html〉 2011.
- O'Malley, Sean, "Vulnerability of South Korea's Undersea Cable Communications Infrastructure: A Geopolitical Perspective," ***Korea Observer***, Vol. 50. No. 3, 2019, pp. 309-330, 〈https://doi.org/10.29152/KOIKS.2019.50.3.309〉.
- Pacific Daily News, "Palau Seeks ADB, World Bank Help with Cable," Pacific Islands Report, 2011.
- Pletcher, David M., ***The Diplomacy of Involvement: American Economic Expansion across the Pacific, 1784-1900***, Columbia, MO: University of Missouri Press, 2001.
- Pomeroy, Earl S., ***Pacific Outpost: American Strategy in Guam and Micronesia***, Stanford, CA: Stanford University Press, 1951.
- Slaughter, Anne-Marie, "America's Edge: Power in the Networked Century," ***Foreign Affairs***, January/February 2009, 94-113.
- Sontag, Sherry, and Christopher Drew, with Annette Lawrence Drew, ***Blind Man's Bluff: The Untold Story of American Submarine Espionage***, Public Affairs, 1998.

- Harding, Luke, ***The Snowden Files: The Inside Story of the World's Most Wanted Man***, New York: Vintage Books, 2014（三木俊哉訳『スノーデンファイル――地球上で最も追われている男の真実』日経BP、2014年）
- Headrick, Daniel R., ***The Tools of Empire: Technology and European Imperialism in the Nineteenth Century***, New York: Oxford University Press, 1981（原田勝正、多田博一、老川慶喜訳『帝国の手先――ヨーロッパ膨張と技術』日本経済評論社、1989年）
- Headrick, Daniel R., ***Invisible Weapon: Telecommunications and International Politics 1851-1945***, New York: Oxford University Press, 1991（横井勝彦、渡辺昭一訳『インヴィジブル・ウェポン――電信と情報の世界史1851-1945』日本経済評論社、2013年）
- ICPC, The Chair's Introduction to the ICPC 〈https://www.iscpc.org/documents/?id=3188〉.
- ICPC-UNEP, Submarine Cables and the Oceans: Connecting the World, ICPC-UNEP Report 〈https://www.iscpc.org/documents/?id=132〉, 2009.
- Independent Commission for World Wide Telecommunications Development, The Missing Link, International Telecommunications Union 〈http://www.itu.int/osg/spu/sfo/missinglink/index.html〉 1985.
- Island Times, "Palau, Yap Sign up for Underwater Cable Service," 〈http://kshiro.wordpress.com/2011/08/14/palau-yap-sign-up-for-underwater-cable-service/〉 2011.
- ITU, Measuring Digital Development Facts and Figures 2023, ITU 〈https://www.itu.int/itu-d/reports/statistics/facts-figures-2023/〉, 2023.
- ITU, "Individuals Using the Internet," ITU 〈https://datahub.itu.int/data/?i=11624〉, 2023.
- Jacobsen, Kurt, ***The Story of GN: 150 Years in Technology, Big Business and Global Politics***, Copenhagen: Gad Publishers, 2019.
- Kajiwara, Mizuho, "Maritime Security and Underwater Surveillance Technology: Lessons from the Cold War," ***Indo-Pacific Outlook***, Volume 1, Issue 3, January 24, 2024.

境なき世界――コミュニケーション革命で変わる経済活動のシナリオ』トッパン、1998年).

- Cukier, Kenneth Neil, "Bandwidth Colonialism?: The Implications of Internet Infrastructure on International E-Commerce," Presented at the Internet Society's INET'99 conference, 1999, San Jose, United States.
- Davenport, Tara, Submarine Communications Cables and Law of the Sea: Problems in Law and Practice (Centre for International Law National University of Singapore 2012), 〈https://www.academia.edu/5112470/Submarine_Communications_Cables_and_Law_of_the_Sea_Problems_in_Law_and_Practice〉.
- Dibner, Bern, ***The Atlantic Cable***, New York: Blaisdell, 1964.
- Federal Register, "Executive Order 13913 of April 4, 2020: Establishing the Committee for the Assessment of Foreign Participation in the United States Telecommunications Services Sector," 〈https://www.govinfo.gov/content/pkg/FR-2020-04-08/pdf/2020-07530.pdf〉, 2020 (accessed on February 7, 2021).
- Federal Register, "Executive Order 13971 of January 5, 2021: Addressing the Threat Posed by Applications and Other Software Developed or Controlled by Chinese Companies," Federal Register 〈https://www.govinfo.gov/content/pkg/FR-2021-01-08/pdf/2021-00305.pdf〉, 2021 (accessed on February 7, 2021).
- Feeser, Andrea, ***Waikiki: A History of Forgetting and Remembering***, Honolulu: University of Hawai'i Press, 2006.
- Finn, Bernard, and Daqing Yang, eds., ***Communications under the Seas: The Evolving Cable Network and Its Implications***, Cambridge, MA: MIT Press, 2009.
- Gordon, John Steele, ***A Thread across the Ocean: The Heroic Story of the Transatlantic Cable***, New York: Harper Perennial, 2003.
- Gore, Al, Remarks Prepared for Delivery By Vice President Al Gore, International Telecommunications Union, March 21, 1994 〈http://cyber.eserver.org/al_gore.txt〉.
- Greenwald, Glenn, ***No Place to Hide: Edward Snowden, the NSA, and the U.S. Surveillance State***, New York: Metropolitan Books, 2014. (田口俊樹、濱野大道、武藤陽生訳『暴露――スノーデンが私に託したファイル』新潮社、2014年)

主要参考文献

- Ahvenainen, Jorma, ***The Far Eastern Telegraphs: The History of Telegraphic Communications between the Far East, Europe and America before the First World War***, Helsinki: Suomalainen Tiedeakatemia, 1981.
- Asia-Pacific Telecommunity, ***Bali Statement & Plan of Action, Adopted at Asia Pacific Ministerial Meeting on Strengthening Regional Collaboration towards Broadband Economy***, 12-13 November 2009, Bali, Indonesia.
- Barty-King, Hugh, ***Girdle round the Earth: The Story of Cable and Wireless and its Predecessors to Mark the Group's Jubilee 1929-1979***, London: Heinemann, 1979.
- Blainey, Geoffrey, ***The Tyranny of Distance: How Distance Shaped Australia's History***, South Melbourne: Macmillan, 1968（長坂寿久、小林宏訳『距離の暴虐――オーストラリアはいかに歴史をつくったか』サイマル出版会、1980年）.
- Burdick, Charles B., ***The Japanese Siege of Tsingtau: World War I in Asia***, Hamden, Conn.: Archon Books, 1976.
- Burnett, D., The 1884 International Convention for Protection of Submarine Cables Provisions Not in UNCLOS Deserve Attention Now, Workshop on the Protection of Submarine Cables, Singapore, 14-15 April 2011, sponsored by the Centre for International Law, National University of Singapore and the International Cable Protection Committee〈https://cil.nus.edu.sg/wp-content/uploads/2011/04/Douglas-Burnett_1884_International_Convention_for_Protection_of_Submarine_Cables_Provisions_Not_in_UNCLOS_De1.pdf〉.
- Burnett, Douglas, Robert Beckman, and Tara Davenport, eds, ***Submarine Cables: The Handbook of Law and Policy***, Martinus Nijhoff, 2014.
- Burnett, Douglas, and Lionel Carter, ***International Submarine Cables and Biodiversity of Areas Beyond National Jurisdiction: The Cloud Beneath the Sea***, Brill, 2017.
- Cairncross, Frances, ***The Death of Distance: How the Communications Revolution Is Changing Our Lives***, London: Texere, 1997（栗山馨監修、藤田美砂子訳『国

〈や行〉

〈ら行〉

〈わ行〉

〈は行〉

〈ま行〉

〈な行〉

〈た行〉

〈さ行〉

〈か行〉

事項索引

〈英数字〉

〈あ行〉

〈ま行〉

〈ら行〉

人名索引

［著者略歴］

土屋大洋（つちや・もとひろ）

慶應義塾大学大学院政策・メディア研究科教授。

1999年3月、慶應義塾大学大学院政策・メディア研究科後期博士課程修了。

博士（政策・メディア）。2011年4月より現職。2021年8月より慶應義塾常任理事を兼任。

2019年4月より日本経済新聞客員論説委員も務める。

主著に『サイバーグレートゲーム——政治・経済・技術とデータをめぐる地政学』（千倉書房、2020年）、

『暴露の世紀——国家を揺るがすサイバーテロリズム』（角川新書、2016年）など。

海底の覇権争奪 知られざる海底ケーブルの地政学
2025年4月25日 1版1刷
2025年6月19日 2刷

著者 —— 土屋大洋

発行者 —— 中川ヒロミ
発行 —— 株式会社日経BP
日本経済新聞出版
発売 —— 株式会社日経BPマーケティング
〒105-8308 東京都港区虎ノ門4-3-12

装丁 —— 野網雄太（野網デザイン事務所）
本文DTP —— マーリンクレイン
印刷・製本 —— 中央精版印刷

 ISBN978-4-296-12415-2 Printed in Japan